創見文化，智慧的銳眼
www.book4u.com.tw　　www.silkbook.com

借力淘金！

網路行銷奇才 **鄭錦聰**、**王紫杰**◆著

最吸利的鈔級魚池賺錢術

為什麼90%的人
在網路上
賺不到錢？

借力使力成就魚池矩陣，用過都說讚！

網路行銷天王絕學大公開，
輕鬆打造專屬於你的超級提款機！

簡而強快速賺大錢的祕訣，教你如何透過借人脈、網脈，
靠借力、靠整合、靠流程，打造一台會自動吐出錢來的黃金ATM！

21世紀是商業模式的競爭

我們結緣於中華華人講師協會，我覺得華人講師協會就是一個平台，平台就是合作，合作就是利用，而利用就是善用彼此資源，創造共同利益，我們有被利用的機會，價值就會出現！

企業經營最重要的關鍵因素，也是每位企業主在經營事業時最重要的三個能力，第一個叫做態度，第二個叫做系統，第三個叫做模式。為什麼這三個因素最重要？因為「態度」教我們怎麼做人，「系統」教我們怎麼做事，「模式」為我們打造平台，因此我們可以在這個平台上，既能做好人，又能做好事。彼得‧杜拉克曾說：「21世紀企業間的競爭不再是產品與價格的競爭，而是商業模式之間的競爭。」商業模式的打造這是我多年來一直在傳達經營企業的重要關鍵因素，打造商業模式也就是打造商業平台。

現在網際網路是大時代很重要的工具，也是商業活動非常重要的平台，而鄭錦聰老師的網路行銷專業再加上平台打造的技術，相信一定如同書裡所言，可以協助更多人打造商業平台，創造更大的商業價值，先預祝本書大賣，為更多人提供更多的服務，相對就會創造更大的財富價值！

實踐家教育集團董事長

巨人肩膀——是爭取到的信任

　　政宏一向主張活出健康愉快的人生，喜愛與人合作。1983創立「群英企業管理顧問股份有限公司」當時，就是結合14位顧問界菁英共同創立迄今。拜讀《借力淘金！最吸利的鈔級魚池賺錢術》，慶幸理念完全吻合。這本由中華兩岸頂尖網路行銷專家——鄭錦聰、王紫杰兩位老師合著的書，非常值得作為經營寶典。

　　令人歡喜的是內容的有效性與趣味性——先以故事實例引導讀者進入寶藏；輕鬆神遊資訊網路新殿堂。再以大量的案例來引證巨人致富的運作模式，創造性的思考，使讀者揮別錯誤固著的觀念，突破自我邁向顛峰。

　　書中提起在別人地基上成長——贏得老闆器重。想起年輕時政宏依此原則，曾經任職總公司而派駐協助經銷商，幫老闆賺很多錢因而獲得致贈經銷權；賺到第一桶金，28歲就有能力買下公車站牌邊50坪店面的往事。所言真實可行，立論正確。

　　本書值得一讀再讀，從開賓士車的水管工實例，剖析客戶開發策略；又將女秘書轉任銷售員的案例，就行銷策略面做比對；有趣又具教導性。一向以利益眾生為己任的鄭錦聰老師，是本人最敬重的網路行銷大師，其在書中對網路行銷有詳細分析與學理建構，深具啟發效果。

　　讀者若能遵照書中所說，去規劃修正您正在做的事業，您就是現代知識爆炸時代幸運兒，這也是掌握網路行銷竅門，最重要的態度。

　　共勉之！

中華華人講師聯盟 第三屆理事長

「千萬經歷」不如「輕鬆借力」

我認識非常多的講師，鄭錦聰老師是我所見過最會「借力」的一位，從2009年2月4日在華人講師聯盟結緣以來，發現錦聰老師越借越大力，今天出版《借力淘金！最吸利的鈔級魚池賺錢術》一書，就是借力的最佳展現！

沒有背景，卻能受到業界知名人士推薦；沒有上過大學，卻能受邀到大學任教；沒唸過多少教科書，所寫的著作卻能成為暢銷書。全靠『借力淘金』！

《網路印鈔術》是我所認識的作者朋友中出書後獲利最高的一本。我全程參與2010年6月鄭錦聰老師出書後舉辦的「百萬級網路行銷學」兩天課程，學費48000元，共有86位學員參加。出一本書不到三個月就能有如此高的收益，可說是講師、出版界值得學習參考的黃金範例。

為什麼錦聰老師可以「成功借力」？最大的關鍵就在於「捨、得」！我擔任世界華人講師聯盟秘書長期間，錦聰老師將一天兩萬元的課程「免費」提供給講師聯盟的會員參加，因此得到了群英企管顧問公司吳政宏董事長的書面見證，也得到前台鹽鄭寶清董事長的錄影見證推薦。

「借力」的結果不能只有「單贏」，「雙贏」也是不夠的，至少要「三贏」！這本書的誕生，借了很多人的力，若要能夠長期「借力致富」，就必須讓作者贏，借力者贏，讀者也要贏。

不曾幫人寫序推薦的我會寫下這篇序文，除了感謝鄭錦聰老師、

王紫杰老師在《網路印鈔術》一書中「借力」放入我的「ABC黃金人脈心法＋OnlyYou人脈行銷軟體」的介紹，讓我增加很多客戶之外，也要感謝錦聰老師常透過MSN不藏私的專業顧問指導，讓我的「名片管理、人脈經營、個人品牌行銷」專業可以透過網路行銷發揮更大的影響力。

　　看完本書後，若您能夠內化並立即行動，將開啟您——借力多贏的新世界！

陸保科技行銷有限公司執行長

參考資料：

鄭錦聰老師「百萬級網路行銷學」課程學習＋授課紀實

http://www.ABoCo.com/Blog/article.asp?id=530

有錢人與窮人最大的差別在哪裡？

關鍵，其實就在於會不會用「腦力」賺錢，而不是在有沒有「努力」賺錢。我常常在演講的時候告訴聽眾，如果你「想賺錢」，只要多努力一些就可以，但是如果你「想賺大錢」，那你反而要「先」學著如何不努力，因為不用蠻力才會懂得如何用腦力賺錢，當你懂得用腦之後，努力才會有加乘效果。所以看過本書之後你一定會自問「如果我真的想賺大錢，還能繼續沿用原本的賺錢模式？還是應該承認自己沒錢正是因為太過相信自己？」相信我，一般你所謂的「賺錢模式」，充其量只是你的「維生模式」，而這本書要教你的不僅是如何賺錢，還要教你如何複製賺錢模式來賺大錢。

錦聰兄在本書中舉了很多淺顯易懂的案例來告訴讀者觀念改變的重要性，例如一開始舉出John Reese在SEO會場上，建議那些技術專家把人家公司買下來的案例，也許你覺得這是有錢人才會做的事情，是的，這的確有錢人才會做的事情，而你如果希望也變成有錢人來做這種事情，那就應該重新檢視自己究竟浪費多少時間在學著當窮人。

經營企業的目的都是為了賺錢，創造生財工具只是手段的一部分，如果工具可以花錢買，那為什麼還要讓自己繼續浪費賺錢的時間呢？很多菜鳥創業家都自認為時間多，寧願用時間省小錢，但是老手創業家或者已經成功的企業家則相反，他們不僅願意用金錢換時間，更願意用金錢換健康。你有跟銀行貸款過嗎？還是你都用自己的錢去創業或投資？我相信那些搞到自己沒錢，且親朋好友已經不再願意出借錢的時候，才去跟銀行借錢的人應該高達90%以上，但是銀行是一

個很謹慎的行業，如果你手上已經沒現金，而且賺錢能力也降低的時候，銀行也不敢借你錢。但是當你手上還有現金，而且還有很好的賺錢能力的情況下，也就是說你還不需要錢的時候，銀行最喜歡借你錢。所以借力致富這件事一定不能等，因為等到自己連「借力」的能力都沒有時，那你應該就已經走到窮途末路了。

　　我在青創會擔任創業顧問也好多年了，如果輔導的創業模式是「自己、努力、改變」，我會問他這樣的創業模式，跟在工作上努力比較起來有什麼明顯的差異？但是如果他的創業模式是「團隊、腦力、創新」，那我就會建議他注意風險之後，就放手去做。

　　賺錢不僅不能自己賺，要找團隊一起賺，這本《借力淘金！最吸利的鈔級魚池賺錢術》還更進一步教你如何找別人幫你一起賺。你有看過路邊攤賺大錢的嗎？但是你如果看到路邊攤開始有分店，甚至於開始開起連鎖店，應該就會相信他準備賺大錢了。這就是模式複製的效果。

　　很高興看到這本書的出版，因為許多窮人的確需要有正確的觀念才有可能改變自己的一生。看完這本書也千萬要大方地介紹別人一起看，因為身邊如果有更多因此致富的朋友，下次你要借力的時候就會有更多優質的外力可以借用。

網路通科技有限公司負責人
青創會創業圓夢計畫顧問

機會，是留給願意行動的人

　　我在2010年4月時，拜讀了鄭錦聰老師的第一版《網路印鈔術》之後，打從心裡深深地佩服這位實戰經驗豐富的老師；在同年的6月，他的一個課程結束後，我主動向鄭錦聰老師毛遂自薦；當時我正從人生的谷底爬起來，什麼東西都沒有，但我有一項別人沒有的專長：Facebook行銷。

　　感謝鄭老師願意給我機會，他以他的實力、經驗、資源、對市場的敏銳度，無私地教導、帶領我，成立「震撼網路行銷有限公司」從此就改變我的人生，走出一條我完全無法想像的道路，也在我的領域裡，成為知名的品牌；這一切都要感謝鄭錦聰老師全力的幫忙。

　　「震撼」公司一路走來並沒有遇到什麼挫折，大部分執行的計畫、方向，都是一次就成功，而且獲利槓桿效應非常大；原因無他，是因為鄭老師都直接將他的成功經驗傾囊相授，即使中間有發生小錯誤，也沒有造成任何的傷害，並能及時修正回來；所以也造就了「震撼」公司，能夠在僅有一名員工的情況下之，能夠神奇地創造一年1000萬以上營收的結果。

　　而這一切能形成，也在於2010年6月時，我願意冒一個即使失敗也不會造成任何損失的險：主動向鄭錦聰老師毛遂自薦。

　　當機會來臨時，若不採取任何行動，最大的風險將會是一直看著別人不斷地開創出新道路，而自己卻只能在數年後，還停在原地悔不當初。

　　而看到《借力淘金！最吸利的鈔級魚池賺錢術》後，彷彿更加了

解了鄭老師的大智慧，只要你也跟我一樣願意去爭取，就能夠爭取到。你準備好去爭取：機會出現的瞬間了嗎？

震撼網路行銷有限公司　總經理

無論你在世界上任何一個角落，財富都隨手可得！

　　這五年來學習在網路上經營自己的網站和教育資訊事業時，我嘗試了許許多多的方法，也看遍了許多國外的做法、書籍與課程。

　　從一個月在網路賺到第一筆3500元，到後來11個月進帳一百萬，過程中間是起起伏伏的，嘗試了許多要讓業績提升的方法，像是部落格行銷、成交式文案、關鍵字廣告、聯盟行銷與各種行銷與促銷方案，甚至也做好客戶服務、做好資訊產品、洽談合作、洽談廣告、甚至購買報紙廣告等等……也打造如本書你即將所看見的魚池，盡力提供最優質的資訊給學員。

　　然而種種的嘗試，眾多的方法，我隱約察覺到有一個神祕的關鍵在裡面，但卻被眾多的資訊給淹沒，一直找不到一個能讓事業瞬間成長的重點。

　　從一通電話與鄭錦聰老師結緣之後，慢慢與他認識，在持續交流，也與鄭老師合作一個專案，我們在這個專案中創造了我當時花了三年都沒有辦法做到的成長（在本書中將介紹到這個案例）。

　　這一整個過程，我在鄭老師身上突然體會到這個讓事業瞬間成長的神祕關鍵……但，我還是無法說出個所以然來！直到看了鄭老師的這本新書，我才真真正正地了解到，一個事業要能持續不斷地成長，並不只是靠產品、靠文案、靠行銷策略、靠手段、靠技術……也不是靠門路、學歷、資金或資源……這些即使有了再多，但卻沒有辦法累

積你真正的財富。

　　真正能夠讓一個人致富，讓事業瞬間成長的關鍵，不只是這些有形的事物，而是一些無形的事物。這個無形的事物，直接將它說出來，大部分的人只是了解，但卻沒有辦法完全體會！

　　而這個無形的事物在每一個人身上都有，只是大部分的人並沒有發現！這個無形的事物當你累積得越多，你的財富將只會增加，不會減少！而這個無形的事物，卻在我認識之後鄭老師和與他合作的過程之中充分展現出來！

　　如果你有幸認識鄭老師，從他身上你會了解成功的人都有一種發願為社會貢獻的理念。如果你還不認識鄭老師，那麼我想這本書是一個絕佳的機會，能讓你充分體會這個成功致富的關鍵智慧！

　　到底這個關鍵智慧是什麼？是頭腦嗎？還是人脈？又或者是使命感？理念？就像暢銷百年的《思考致富聖經》一書中一樣，拿破崙·希爾在書中埋入了一個強烈的致富關鍵，但卻不願意直接對讀者道破。

　　因為，知道，不代表體會！在本書中，鄭老師和王紫杰老師用了一樣的手法，豐富又令人拍案叫絕的案例，讓你體會到這個致富關鍵鑰匙！我建議你將這本書好好讀完，不要貪快，更不要只是隨意地翻閱。也許你會跟我一樣，因為遇見一本好書，改變自己的一生！

星澄管理顧問有限公司 總經理

林星泓

http://www.mastermsk.com

致富最重要的核心關鍵

鄭錦聰

　　這兩年台灣流行起了網路行銷、網賺的熱潮，有些人學習了這些行銷技巧後，有少數的人成功了，多數的人卻沒有取得很大的成績，這到底是為什麼呢？

　　我研究之後，發現大多數對網路行銷、網賺有興趣的朋友，都已經按照老師教授的去行動、去努力，卻還是沒辦法取得一定的績效，其實不論是網路行銷，還是網賺，都強調流量的重要性，但新手朋友往往一開始很難取得一定數量的流量，導致很難產生明顯的結果，因為看不到好的結果，所以往往努力了一段時間後，就灰心、沮喪，並且不知道要如何再進行下去。

　　市面上你可能聽過，有很多抓取流量的方式，例如：SEO行銷、部落格行銷、關鍵字行銷、社群行銷……等等各式抓取流量的方法，這些方法都很對，可是這些方法都有一個共通的特質，需要經營一段不短的時間，才會有明顯成效，而且每個人的特質不同，不見得適合用以上的方式。

　　舉例來說：如果你是用部落格行銷方式，你必須具備長期寫文章的能力，並且文筆還要能夠打動網友，但大多數的人並不具備這樣的能力，因此總很難長久持續下去，致富最簡單的方式，並不是擁有某項技能，要靠技能致富，只能夠把技能做到卓越，才有機會，但要把一項技能做到卓越，通常需要長期的日積月累，短則五年，長達十年、十五年……甚至更久。

　　如果學習致富的方式，是屬於技能類型，那就必須做到卓越，技能類型可以打造一個人的專業能力，對社會貢獻價值，但如果致富要依靠技能的話，免不了需要長時間的累積與深耕，若想在短時間致富，最快的方法，就是借力，借力是致富最快的方式，也是決定行銷成功與否最重要的核心關鍵，你可以沒有專業技能，你可以沒有龐大流量，但如果你掌握「借力」的核心關鍵，那麼以上這些你都可以輕易「借」到手。

　　很多朋友已經知道名單的重要性，也知道借力是最快的致富方式，但往往卻不知道到底要怎麼做，才能夠真正吸引對方，所以很難將《網路印鈔術》的理論，做適當的發揮，為此我非常高興能夠再度與王紫杰老師，共同打造本書《借力淘金！最吸利的鈔級魚池賺錢術》。

　　王老師在本書中，提出相當多的借力核心法則，讓讀者更容易掌握借力的核心關鍵，如果沒有王紫杰老師的智慧，本書定難以完成，在此再次感謝王老師對本書的貢獻。

《網路印鈔術》的神奇威力

王紫杰

　　自從兩年前與鄭錦聰老師合著出版《網路印鈔術》之後，我們收到了大量的學員回饋，紛紛表示《網路印鈔術》帶給他們的巨大啟發，以及他們應用書中知識之後，所創造的一個又一個的驚人業績。

　　以下，我披露一些大陸學員們的成果，用來激勵大家：

❶「亞獅龍男褲網」（www.yashilong.com)，打破京東商城三項紀錄，一年銷售額突破五億；

❷「今日英才教育網」（www.jryc.cn) 實現一年4.5億的銷售業績；

❸「高尼增高鞋網」（www.gony.cn) 6個月業績成長50倍；

❹「惟有愛禮品網」（www.onlylove.hk) 30天之內成交率成長3倍；

❺「道商文化網」（www.shengmingmima.com)一年成長100倍；

❻「亞發加盟網」（www.scyfqx.com) 45天成長5倍，一年業績突破2000萬。

　　以上這些成果僅是很小一部分，他們共同證明了一點：網際網路是歷史上最偉大的賺錢機器，而啟動這台機器的關鍵，就是本書。

　　為了讓書中的知識更加豐富、更加具實戰性，我與鄭錦聰老師通力合作，在之前第一版的基礎之上，又增加了大量的全新內容。從理論深度擴及到實戰操作性上，都有了較大的提升。

　　所以，這本書將成為你創造網路財富的捷徑。

　　當然，如果你僅僅只讀一遍本書，是遠遠不夠的——為了盡快消

化本書的內容，建議你至少連續讀上三遍。

　　所謂「書讀百遍、其義自現」，當你把書中的內容爛熟於胸中之時，就是你「運用自如」之日。

　　網路行銷是非常簡單的一件事，只需要你持之以恆……

　　同時，借此序言，我要對鄭錦聰老師表示衷心的感謝——鄭老師是一位厚於德、誠於信的摯友。與他相識多年，他總是主動幫助別人，尤其是2011年的兩次臺灣之行，對我的諸多照顧與協助，讓我百般感動。

　　無論是學識，還是人品，鄭錦聰老師都是網路界的垂範與翹楚。此書付梓，鄭老師居功至偉，借此之機，再次表達謝意。

目　錄

Part 1 借力技術篇

第1章

幫助你快速成長的「巨人肩膀」

contents

contents

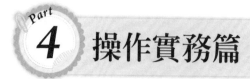

Part 4 操作實務篇

第9章

締造高成交率的關鍵

第10章

向網路行銷超級武器借力

Part 5 邁向未來篇

第11章

借力新台灣經驗，拓展全民網路外銷

財富大策劃

親愛的朋友：

開始本書內容之前，讓我給各位講一個故事，引出財富的思維……

1 小漁民的驚天大策劃

三年前，於福建旅行時，在一個小漁村裡，聽一些老人家們提起一個非常具啟發性的財富故事……

小漁民的驚天大策劃

宋朝時，在閩南的一個小漁村裡，住著一個陳姓老漁民。一輩子靠捕魚為生。他有兩個兒子。大兒子和父親一樣，老實勤懇，長年跟著父親學習捕魚的技巧，最大的心願就是能像老爸一樣平平安安地過一生。

小兒子卻生性沉靜，只愛讀書，不喜勞動。更是從來不學捕魚之技。為此，老陳經常以大兒子為例，來提醒小兒子「捕魚之技是漁民的本份，是生存的根本。如果你學不會，未來就無法靠自己之力生存。」小兒子總是應付以對，找個理由搪塞過去，從來就聽不進去。

隨著兩個兒子逐漸長大成人，老父親對小兒子的未來越來越

憂心，內心煩惱越積越深。終於在他二十歲那年，老陳實在無法再坐視不管，向小兒子下達了最後通牒：「如果，你再不向你大哥一樣，學習捕魚的技術，我就把你趕出家門，讓你餓死街頭。」

小兒子嚇了一跳，看到父親一臉的怒火，知道無法再敷衍過去。但他生就一副書生傲骨，也不願違背自己的意志，反而昂首正言：

「我不學習捕魚之技，不是因為我懶惰；而是因為我找到了更好的捕魚方法，根本不必像大哥一樣辛苦出船、餐風宿雨，只要我動動腦筋，就可以捕到比大哥多幾十倍的魚回來。而且是一勞永逸，永世不愁溫飽。」

老父親當然不會相信他的「信口雌黃」，於是要他當即兌現：「好，既然你有這樣的能耐；那就比比看。從現在開始，你與你大哥一起去捕魚，各自使用自己的方法。三天後，如果，你捕到的魚比你大哥多，我就允許你不再學習『捕魚之技』；否則，你就要放下你的書本，老老實實地跟你大哥學習如何捕魚。」

大哥一向老實勤力，他學到了老父親的全部本領；他理解老父親的苦心，於是打定主意，一定要在這三天裡，盡全力捕魚，讓弟弟輸得心服口服，以後好「改正前非」。他聽完父親的指示，馬上就跳上漁船，到江面去賣力捕魚。

小陳「海口既出」，只好隨著大哥走出家門，望著遠處的茫茫大海，他思考著自己的下一步。這麼多年來，他從來都不喜勞

動，更是沒碰過漁具，讓他去跟大哥比賽捕魚，好比「孔府門前賣對聯」，必輸無疑。

他想到自己在鎮裡有一個有錢的朋友，叫張君，從事低價購魚、再轉手販售的魚貨生意。

他立即前往張君家，問他：「我跟你做個生意，怎麼樣？」

張君知道小陳一向不喜歡錢貨之事，很是奇怪地問：「你想做什麼生意？」

「我問你，10斤魚可以賣多少銀子？」

「可以賣半兩銀子。」

「那1000斤呢？」

「當然是50兩銀子。」

「那，你借我100兩銀子，兩天後我還你2000斤魚貨，怎麼樣？」

張君雖然不明白小陳為什麼要這樣做，但出於朋友情面，還是慷慨地「賒」給他100兩銀子。

小陳拿著這100兩銀子，跑到碼頭邊，高聲叫嚷，引起了大家的注意。

「各位父老鄉親請聽我說。咱們漁村自古以來，以捕魚為生，捕魚高手如雲。但是，究竟哪一個才是最厲害的捕魚冠軍呢？你們知道嗎？」

這個「問句」馬上引起了大家的興趣，紛紛交頭接耳地討論起來：

「劉虎最厲害吧？他有一次一個人就撈了100斤大魚回

來。」

「那算什麼？趙青還抓過一條200斤重的大鯉魚呢。」

……

眾人各持己見，根本沒有一致意見。

這正在小陳意料之中：「看來大家也沒有統一的意見。為什麼不邀請你們認為最厲害的捕魚高手來，一起比個高下呢？」

「這個辦法好，不過，他們都忙於捕魚，哪有空來湊這個熱鬧呢？」

小陳早有準備，他掏出白花花的100兩銀子，馬上吸引了所有人的目光：「這裡，是100兩貨真價實的銀子。我把它交給老村長保管。請大家立即找到你們認為的捕魚高手，讓他們從明天一早開始，外出捕魚；在一天之內，誰捕到的魚最多，就把這100兩銀子給那個冠軍。」

「不過，這銀子是鎮上的張大戶家出的，所以我們要把明天捕到的魚統一交到他手上，以感謝他出錢贊助這次比賽」。

「大家同意嗎？」

小陳此話一出，四周應聲一片。100兩銀子相當於普通村民全年的收入，其誘惑力當然非常驚人。

「捕魚冠軍！100兩銀子」——在豐厚名利的雙重誘惑下，村裡的捕魚高手都積極報名，躍躍欲試，摩拳擦掌，開始準備明天的比賽。

第二天一早，全村的45名捕魚高手就在村長的指揮下，一齊出動，駛向廣闊的江面。

　　小陳的老父親也被驚動來旁觀這場建村以來最轟動的「賽事」，張君在旁邊也在不斷地給大家打氣喝彩，他也不太敢相信自己會一天之內，做成2000斤魚的「大買賣」。

　　時至黃昏，外出的漁船紛紛歸來，當各路「捕魚高手」陸續展示自己的「戰利品」時，張君驚呆了：

　　「劉虎，130斤！」

　　「王蛟，147斤！」

　　「趙青，182斤！」

　　……

　　「冠軍──高傑，243斤……」

　　當高傑站在村長旁，驕傲地向大家揮手時，小陳忍不住露出了最開心的笑臉。

　　最後的統計顯示，在這一天之內，一共捕到了6000多斤魚，樂得張君合不攏嘴。

　　老陳更是熱淚盈眶：雖然小陳的大哥還沒有回來，但是，他與小陳之間的比賽也已經結束了。任憑大哥有通天的捕魚能耐，也不可能多過這全村45名最優秀的捕魚高手加在一起的6000斤。小陳不費一分力氣，就贏取了大哥百倍之利。

　　「小陳，謝謝你呀，讓我做成了張家有史以來，最大的一筆、也是最划算的一筆買賣。」張君笑得樂不可支。

　　老陳更是心中激動，他知道：自己老了……

　　商業世界，有如「魚群在水中游行」的江海湖泊。你的目標顧客，就像裡面豐盈的魚群。你可以像「老陳的大兒子」一樣，因循老舊呆板的「出海捕魚」的生存方式。也可以像「小陳」一樣，「手無捕魚之技」卻輕鬆贏取「百倍之利」。

　　小陳所策劃的「大買賣」，看似天才之舉，實則卻是「有章可循」──也就是我們將在本書裡所揭示的──「借力贏利」。

　　靠借力、靠整合、靠流程，將各式各樣的社會資源，都變成自己的財富工具，甚至打造出一台自動化的賺錢機器⋯⋯

② 可否打造巨人賺錢機器出來呢？

我相信，很多人都在苦苦追求著一個問題的答案⋯⋯

> **該如何才能打造一台自動化運行的賺錢機器，即使在我睡覺時，也能幫我不斷地賺錢？**

　　提出好的問題，就等於解決了一半的問題。

　　無論你現在是什麼樣的身分，什麼樣的起點，什麼樣的基礎，什麼樣的能力⋯⋯你都可以向自己提出這個問題，在尋求答案的過程中，不斷地突破自我、邁向巔峰！

　　當然，會有一些人時常打擊你：「別癡心妄想了，怎麼可能會有這樣的巨人賺錢機器？不過是一些騙人的玩意罷了⋯⋯」

　　你可能也會反問自己，甚至產生動搖：「是啊。一分耕耘，一分收穫。怎麼可能有無需付出，就能賺錢的好事呢？如果真有這樣的機器，那不就顛覆了『付出決定收穫』的致富常識了嗎？」

　　我可以理解你為什麼會有這樣的疑問！

　　所以，我建議你在為任何事物下「結論」前，都請記住以下這句

話：

老虎雖然咆哮山林，但卻看不到山鷹眼中的風景。要想欣賞更廣闊的世界，你就要學會「飛行」！

所以，此時此刻呈現在你面前的這本書，就是你的「飛行手冊」！

在這本書裡，我將教你一套有效的思維模式，你絕對可以從零開始，打造真正的巨人賺錢機器──雖然，我不敢保證這台機器是完全自動化的，但是，最起碼，它可以減少你在時間與勞動上大量的付出。

所以，如果你擅長使用網際網路，那麼，我會在本書裡，教你具體的操作流程──因為隨著資訊時代的興起，越來越多的財富工具在網際網路上可以供人免費獲取。

如果你是經營傳統生意，那麼，我也會給你大量的案例，告訴你該怎樣著手、怎樣改造自己的專業經營，使之盈利化、流程化、自動化。

最重要的，我要幫助你改變思維，因為「思維」才是真正的「致富」之道，具備了超強的思維力，才能把任何普通的業務、普通的產品、普通的專案，改造成超強的賺錢機器。

我建議你隨時翻閱本書來激發自己的靈感──因為，準確來講，本書就是一台「商業頭腦」充電器。

每個人都需要「充電」。

無論你現在是企業的老闆，還是普通的上班族，都可以從中獲得與眾不同的啟發，從而以10倍、甚至100倍的速度倍增自己的財富。

請你把這句話抄下來，時時提醒自己：

「推銷」是做加法，「行銷」是做乘法，「贏利模式」是做次方。

同樣是銷售手機，你可以：

其一，改進銷售人員的成交話術，讓銷售額由「30萬」變「40萬」。

其二，借力於其他商家，通過商業聯盟的行銷方法，讓銷售額由「30萬」變「300萬」。

其三，改變銷售物件，由「出售手機」，改為「出售商機（模式）」，把一套有效的「推銷+行銷」的方法標準化、流程化，全國招商，統一打包出售給「加盟商」，由他們來直接做市場。那麼，你的收益將立即由「30萬」變「900萬」。

以上三類不同的方法，你是不是已經看出了差異。

第一種方法，就是「做加法」——做「推銷」。

第二種方法，就是「做乘法」——強調「行銷」。

第三種方法，就是「做次方」——著重「贏利模式」的創新，以及系統的整合。

孰優孰劣，孰快孰慢。大家一目了然。

「推銷」就相當於「爬樓梯」；

「行銷」就相當於「搭手扶梯」；

「贏利模式的創新」就相當於「搭直達電梯」。

既然我們的目的地是頂樓，為什麼不採取最直接有效的方法呢？

其實，就「難度」來講，「搭直達電梯」就是「最容易的」。但也是「最難的」——難不在於「實施」，而難在於「思考」。

有句廣告詞說得很好：「思想有多遠，我們就可以走多遠。」

　　「思考力」是成功企業家的標誌，因為員工可以代替你做很多事情，唯獨無法代替你「思考」。

　　所以，本書就是一本「思想鍛鍊機」，透過大量的案例來為各位講解「巨人財富」的運作模式。

　　同時，本書也是一份「財富成功」的推進器，幫你繞開可能的彎路，直接複製最有效的賺錢模式。

　　更重要的，本書是一張「成功企業家」的實踐路線圖，清晰地向你指出……

- 告別錯誤的經營觀念；
- 學習最有效的行銷技巧；
- 整合最有力的社會資源；
- 打造最強大的巨人賺錢機器。

　　那麼，就讓我們正式踏上「借力致富」之旅吧……

PART 1
借力技術篇

You Can Make Money with
Internet Marketing

Internet Marketing

chapter 1　幫助你快速成長的 「巨人肩膀」

親愛的朋友，

這麼多年，我遇上最多的現象就是：很多學員，明明聽了大量的課程，卻仍無法獲得自己想要的結果。

甚至有些人，成為了「學習專業戶」，專門去聽各式各樣的課程，但自己卻遲遲不行動。

但是，談到「原因」，他們就振振有詞：

● 不知該選擇什麼產品
● 不知該怎麼買網址
● 不知該怎麼建置網站
● 不知該怎麼做流量
● 不知該怎麼寫銷售文案

你認為，這些原因成立嗎？

1　這些真的是「不行動」的原因嗎？

也許，你的答案跟我一樣：「這些怎麼能做為理由呢？」

不懂，你可以學。

不會，你可以摸索。

總之，有行動力的人，就不怕一切困難。

沒錯，我以前，就是這樣回答那些「不行動」的人的。

我一直認為：「知道與做到之間的鴻溝，要靠個人努力來填補……」

你認為，是這樣嗎？

如果，你也有這樣的想法的話，我要告訴你：回答正確，加10分

但是，如果你不這樣想的話，我要告訴你：回答正確，加100分

是的，我曾經以為「行動力」、「努力」這些詞是極為重要的指標，想成功的人，就要付出巨大的代價。

但是，一封信，改變了我的看法……

那是一封非常特殊的來信，來自美國的網路行銷大師：傑夫‧沃克（Jeff walker）2008年的一封信。

傑夫‧沃克在信裡，講了一個小小的故事，大大影響了我多年的習慣性思維……

傑夫‧沃克在email裡寫道：

里斯的顛覆性方法

2003年，他與John Reese（約翰‧里斯，即「網際網路國王」）在網路界的頭銜還沒有今日響亮。

那時，關於SEO技術，在歐美已經逐漸興起，正是各種研討會裡，最當紅的話題。

他們兩人一起去參加了一場由當時的幾位專家主辦的一場SEO研習會，想要學習那幾位專家的技巧與方法。

在研習會上，里斯與沃克坐在前排，仔細聆聽這幾位專家大談SEO的工具與方法。

里斯越聽越不耐煩……這些所謂專家的方法，不外乎寫軟文、加反向連結、優化內頁等基礎手段。

而這些手段，在當時的里斯看來，都是「小兒科」的技術──行銷的祕密，不在於這些「術」，而在於「道」。

解決網站排名的問題，不僅要注意這些所謂的技巧，更要注意「行銷」與「致富」的本質。

里斯頓時覺得失望極了，認為他們的模式，已經遠遠落後了……

這時，主持人向這幾位專家拋出了一個問題：

「讓一個網站排名到搜尋引擎第一名的最快方法是什麼？」

這幾位專家馬上大談特談起所謂的技巧起來：「三個月足夠了，使用……」

聽了這種說法，隱忍已久的里斯實在忍不住了，在前排直接站了起來，大聲地向專家喊到：

「給我24小時就足夠了……」

頓時，全場鴉雀無聲。

大家都難以置信地望向里斯。

「沒錯，給我24小時，就足夠了，就可以讓你的網站排到Google第一頁、第一名去……」

里斯自信地重複著，接下來，他向在場的所有觀眾，講了一套令所有人震驚的方法……

＊ 24小時，排到搜尋引擎的第一名

其實，里斯的方法很簡單，但是，99％的人卻根本想不到。

他只說了一句話：

> 「我上Google去搜尋一下想要優化的關鍵字，然後，看到哪個網站排在第一名，就直接跟那個站長聯繫，把網站買下來……」

親愛的朋友，你想通了嗎？

里斯根本就沒有講什麼搜尋引擎優化的技巧，他在講行銷的本質，他在講財富的道理，他在講超越普通人思維的「快速致富模式」。

不要跟我提什麼「沒錢怎麼買網站」、「對方不賣怎麼辦」之類的疑問。

請注意：約翰‧里斯講的不是「操作性」的問題，他講的是「網路致富的革命性思維」……

2 如果，你想浪費自己的錢……

有很多學員跟我說：「老師，我不懂網站製作技術，那需要學習嗎？」

碰上這種情況，我會跟他說：「如果你想浪費錢，就自己學習；如果你想節省錢，就外包給別人做……」

請留意我的說法。

在我的描述裡，「自己從頭學習，是一種浪費錢」的做法，不值得提倡。

為什麼呢？

原因很簡單，因為，你最珍貴的是「時間」，而不是「幾萬元的

現金」。

與其自己從頭學習，花一、兩個月的時間去搞懂HTML語言，然後再搭建一個並不漂亮，也不安全的網站出來；還不如交給專業的人士去做，只要七天內就可以搞定，然後，你集中精力用接下來的一、兩個月的時間來賺錢。

而根據我們的觀察，普通的致富者，只要遵循正確的方法，在一、兩個月的時間之內要賺回幾萬元並不難——也就是建立普通網站的投資。

乍看上去，你好像沒有賺到純利——花幾萬元去建網站，再通過網站賺回幾萬元——但是，你別忘了，你贏得了最重要的「時間」資產。

不懂「時間」資產重要性的人，很難理解「第一桶金」的「時間規律」……

✱ 如何加速你的「第一桶金」

人生最難的，不是賺第二桶金；而是第一桶金。

人生最不容易累積的，不是第二個「100萬」，而是第一個「100萬」。

如下頁圖所示，這是絕大多數百萬富翁的財富累積時間表。

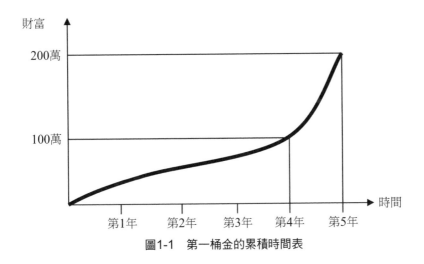

圖1-1　第一桶金的累積時間表

　　對於創業者而言，前4年是一個關鍵的門檻。如果可以順利闖關，成為市場的幸運兒；那麼，基本上，第4年左右，都可以賺到人生的第一桶金，比如「100萬」。

　　然後，他們就忽然發現，再賺第二個「100萬」就變得異常簡單起來，多半再花費一年的時間就能辦到。

　　為什麼呢？

　　原因很簡單，因為，有了第一個「100萬」的基礎，如「人脈」、「客戶」、「經驗」、「資金」、「產品」、「團隊」……

　　使用這些基礎條件，再去賺錢，就易如反掌。而沒有這些基礎時，想賺錢，卻難如登天。

　　所以，第一桶金的關鍵，就在於「**累積這些基礎條件，需要大量的時間**」。

　　但是，如果可以在很短的時間之內，就獲得這些基礎條件，那麼，請你想一想，要賺第一桶金，還會難嗎？

✶ 在別人的地基上成長

比如，你想開一家規模有成的飯店，但是，自己沒有經驗、沒有資金、沒有員工。於是，你找到一家已經很有規模的飯店去打工。

在這家飯店裡，向老闆請教經營之道，向服務員請教溝通之道，向廚師請教美味之道⋯⋯

整個過程，如下圖所示：

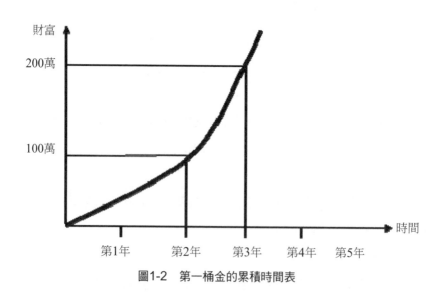

圖1-2　第一桶金的累積時間表

一年之後，你不但學到了相關的知識，更重要的是，你贏得了老闆的器重，於是，該老闆願意為你投資，籌建一家新的飯店，並讓你來管理。

於是，你僅用一年時間，就從一個門外漢，發展成為一家飯店的老闆，並擁有了讓這家飯店成功的能力與經驗。

於是，第二年，你就賺到了人生的第一桶金⋯⋯

注意到了嗎？

如果他靠自己的力量來累積，至少要用四年的時間，而且困難重重。

但是，由於他借助了另一位老闆的成功經驗，所以，他僅用兩年時間，就賺到了第一桶金，而且風險相對小很多。

這就是「加速第一桶金」的關鍵……

加速獲得第一桶金的關鍵

第一桶金之難，在於打下地基，需要大量的時間。

所以，要想加速第一桶金的累積速度，就要直接在別人的地基上成長。

而最好的「地基」，就是巨人的肩膀……

★ 只要讓我進微軟，讓我做什麼都行……

我在前文已經強調過了：獨自摸索學習自己不擅長，也不懂的東西，就是在浪費金錢。

相信，現在你已經可以明白了。

那位想開飯店的學徒，如果是自己摸索，那麼，他前兩年能賺到的錢，根本就沒有500萬——因為他選擇了「從零開始」，自己打造地基。

但是，他做了正確的選擇「到成功飯店裡」去當學徒，所以，他直接在成功老闆的「地基」上成長，於是，第二年就賺到了500萬。

我們假設他自己摸索，第二年可以賺到200萬的話，那麼，當學徒就可以賺到500萬。於是，他如果選擇錯誤的話，就相當於讓自己白白浪費了300萬……

你可能認為：這不過是個假設。

但是，我要告訴你：幾乎每一個成功人士的背後，都有一個「巨人的肩膀」——他們無一例外地，都是踩著巨人肩膀而加速成功的。

中國第一專業經理人唐峻，在2004年就已經拿到了一億的年薪。為什麼？

1 Min Focus

唐駿的「巨人肩膀」

1993年4月，唐駿取得博士學位後畢業，用這8萬美元開了三家公司：一家做軟體、一家做文化經紀、一家做法律事務服務。

到1994年，當唐駿已經有幾十萬美元身價的時候，他突然關閉所有公司，決定去微軟當工程師每年領幾萬美元的年薪。

為什麼呢？

他說：「我發現我的企業做不大，但我做事情就喜歡將事情做大。」

並且立誓：「只要讓我進微軟，要我做什麼都行」……

我希望你記住這句話：「只要讓我進微軟，要我做什麼都行……」

唐駿如今身家何止10億……

他的成功之路，絕對要把「進入微軟」作為轉折。

我們可能很難成為第二個唐駿，但是，我們一樣可以尋找自己的

「微軟」。

所以，我建議你也寫下「使命必達的命令」──「只要讓我踩到巨人的肩膀上，讓我做什麼都行⋯⋯」

3 「巨人成功法則」

在網路致富的世界裡，「巨人肩膀」更是極為重要。

再讓我們回到約翰・里斯的「24小時排名第一」的方法上來。讓我們來看一看網路上的「巨人成功法則」。

為什麼不能靠自己的力量做網站排名優化

任何做過網站排名優化的人，都明白一個道理：排名優化，是一項既麻煩，又不穩定的工作。

一則，要涉及HTML代碼修改、網頁關鍵字優化等技術性工作。

二則，要做搜尋引擎認定的高等級網站的交換連結工作。

三則，隨著搜尋引擎的演算法變動，網站排名往往不會穩定。

四則，大量的競爭對手都在爭搶有限的位置。即使你今天排名上去了，但很快就會有對手超過你，把你擠下來⋯⋯

因此，如果你自己從零開始建置網站，並做排名優化，就像

是在一場萬米長跑之中，當別人都已經跑出2000米之後，你才開始起跑——但你的體力並不突出，而你卻想快速超越別人……

難度可想而知！

　　因此，當約翰‧里斯聽到那些所謂的專家大談特談什麼工具與技巧時，他心裡極不認同。

　　他明白：排名優化的目的是為了獲取自然流量；而獲取自然流量的目的是為了多銷售產品。所以，網路行銷的本質就是「如何把流量轉變銷售量」。

　　其他的一切，都是為之服務的「跟班」與「僕人」。

　　但是，當網上創業者把關注點放上「跟班」與「僕人」身上時，就忽視了行銷的本質。

　　既然我們只是要流量，那麼，何必吸引瀏覽者進入自己的網站？

　　既然我們只是要銷量，那麼，何必在自己的網站上銷售？

　　別忘了那句話：「只要讓我進微軟，讓我做什麼都可以。」

　　所以，里斯明白：「只要獲得第一名的流量，那麼，讓我做什麼都可以。」

　　當然，他不是指使用不道德的手段。

　　他是說，要超越「網站排名」技巧，直接「滲透」已經是第一名的網站。這就相當於，直接踩在「排名第一網站」的肩膀上，跨越式發展。

　　這就是「巨人成功法則」——

巨人成功法則

直接滲透已經成功的體系，然後消化、吸收，在別人的成功裡，孕育自己的成功。

★ 學我者生，似我者死

請注意，我在這裡說的不是「複製已經成功的體系」。

為什麼不用「複製」二字呢？

因為，我發現：真正的成功，都是「很難複製」的。

正如馬雲所說：**學我者生，似我者死**。

「學」與「似」之間有什麼區別？

「學」是指「學習內涵，學習精髓」；「似」是指「模仿皮毛、複製外形」。

成功者的祕密，都在於「神」，而非「形」。

你就算把排名第一的網站，全站拷貝過來，放到自己的網站上，也不會達到別人一樣的排名結果。

你就算把阿里巴巴所有的經營模式都照搬過來，也絕對達不到馬雲一樣的成就。甚至有可能「似我者死」。

但是，如果你換個角度呢？

不再「複製」，而是「滲透」。

你去阿里巴巴裡面工作，去學習；你上阿里巴巴網站上去交朋友、找商機……那麼，你很可能就跟隨著阿里巴巴的成長而成長。

你要去排名第一的網站裡找機會，向他們請教，尋找加入的機會。從而，在排名第一的網站賺錢的同時，也在為自己累積財富。

＊ 房神的「山寨」版

複製與滲透之間的區別，實質上，就是「競爭」與「合作」的區別。

房神祕笈網站推出之後，很快就引來眾多的「山寨版」網站。他們也想做這塊市場，於是，全面複製房神網站的做法。

結果呢？

全部死掉，一個也沒成功。

這就是「複製」與「競爭」的結果。

相反的，那些幫助房神網站做推廣的會員，卻因為我們的「100％佣金」政策，而受益良多。

推廣會員不用自己建置網站，不用自己維護資料，不用自己做促銷……

他們做得更少，卻賺得更多。

這就是「合作雙贏」的魅力。

我常說，最好的財富之路，就是「成人達己」──在成就別人的同時，來成就自己。

「滲透」就是這樣的道理。

你可能沒錢，買不到「排名第一的網站」，但是，你可以跟它合作，幫它推廣，幫它成交。從而，迅速地瞭解、學習、掌握、消化這個網站的所有經營細節及成功之道。進而，你可以要求更深入的合作，比如，為它開設分網站，由自己做負責人，實行「贏利分成」制。

那麼，你就可以得到他們的幫助，從而快速搭建起自己的財富網站。

這樣的模式，幾乎適用於各行各業，各類人群的成功……

親愛的朋友，每一個人都需要一個「巨人的肩膀」，包括做老師的我們。如果你現在還在疑惑：為什麼自己在網路上賺不到錢，那麼，看到這裡，你是不是已經找到了答案……

★ 為何90%的人在網路上賺不到錢

在網路致富的道路上，一些人淺嚐輒止，結果，失敗了；一些人努力行動，堅持許久，結果呢？還是失敗了！

經過幾年的統計，我發現，100個網路創業者中，一年後還在堅持的，不到30個人；而這30個人中能賺到錢的，不到10個人。

所以，我知道：這90人在網路上只能做一個「消費者」，而不是「致富者」。

那決定成敗的關鍵是什麼呢？

就是五個字——「巨人的肩膀」。

> 「巨人的肩膀」不是成功的附屬品，而是快速成功的必經之路；
> 「巨人的肩膀」不是可有可無的參考，而是決定你未來的關鍵。
> 「巨人的肩膀」不是等來的運氣，而是努力爭取到的「貴人」！

因此，我建議你現在就審視一下自己：看一看，自己現在有沒有這樣的「肩膀」。

如果有，那麼，能否找到更好的；

如果沒有，那麼，你該尋找什麼樣的「肩膀」？

強大「肩膀」的選擇標準是什麼？

該如何更輕鬆地「爬」上這個「肩膀」……

下一章，我將揭示給你這些疑問的答案，讓你發現無處不在的「巨人」……

chapter
2

Internet Marketing

10倍速財富金礦
——巨人產品

在前面的學習之中，你已經明白了「登上巨人的肩膀，是我們成功的第一步」。

所以，在本章即將告訴你：

- 什麼才是最有效的「巨人模式」；
- 如何滲透到「巨人模式」之中，打造自己的「財富大廈」。

1 成功道的「成功之道」

先給大家講一個剛剛發生在我們身邊的故事……

成功道領帶的成功行銷

我們在南京有一個朋友，叫陳輝民。他原本是做廣告生意，做得還不錯，有一次無意中萌生了一個創意，他開始做起領帶生意。

領帶這個行業是個競爭白熱化的行業，我在網上看到浙江嵊州，那裡領帶的生產廠家有近千家，最頂級的產品出廠價只有150

元幾乎沒有什麼利潤空間可言。

　　而他將自己的經營定位在「借力＋不競爭」，另闢蹊徑。

　　他設計一個理念，並命名為「成功道」：他花了三萬元到國內尋找很多的名人簽名，如馬雲這些人。請這些人簽字、留言，寫一寫對於「成功道」這三個字的心得。

　　然後再專門鎖定銀行族群，尋找銀行高階主管簽名。收集了大量簽名後，就去找最基層的分行負責人，打了個擦邊球。

　　陳輝民對他們說：「我的成功道領帶是一個很有名氣的領帶，你們的上級行長都已經認可了，你看看是否能夠合作。我的製工品質優異，放在頂級商場賣7500元左右的產品，從我這裡訂製只需要300元……」

　　於是陳輝民從2008年8月份開始只投資了15萬元，現在已累積了近幾百萬元的淨利，聽他說僅2008年11月份就賣出十多萬條。

　　每條利潤都是150元左右。可以計算出他一個月的收入情況。

　　這類「借力＋差異化管道」的贏利模式，核心就是「商業借力」的操作。

　　這位企業家巧用「成功道」三個字，讓很多的名人與他合影，並且簽名，一下子就讓他的領帶價值提升許多。相當於借力成功人士的影響力，並獲得大量的客戶見證。

　　而且他定位在銀行客戶群，不做其他的行業，這本身就是一種別人沒有的定位。

　　除了對這種商業模式進行理解之外，我認為，「產品選擇的成

功」，是他這一切運作的重要前提……

2 尋找金礦產品

這麼多年來，我一直在研究各式各樣的網路致富模式。

「簡單」是我始終追求的方向。

也就是說，我希望尋找到一種很簡單，又可以很快速累積財富的網路創業模式——然後，我希望把這種模式推廣出來，分享給所有的人。

最好的模式，一定是最簡單的模式

因為「簡單」，所以，才可以大規模推廣；

因為「簡單」，所以，普通人才可以即學即用；

因為「簡單」，所以，才能讓10％的創業成功率，變成90％……

而我研究發現，能賺錢的六成原因，取決於好產品——這是一個顯而易見，卻常常被人忽視的關鍵。

所謂「好產品自己會說話」。賣黃金，當然比賣垃圾容易得多，要想在網上創業致富，那麼，選擇正確的產品，是一切的前提……

＊ 網際網路上的金礦產品

眾所周知，要想在網路上賺錢，最直接的方法，就是銷售合適的產品，給合適的人。而我始終強調——

財富，取決於你為別人創造的價值……

所以，想靠「假冒偽劣」產品賺錢，想靠「坑蒙拐騙」來致富，根本就是違背基本財富倫理與商業法則的。

你只能靠解決別人的問題，滿足別人的需求來致富——而其中的

關鍵，就是找到真正的好產品。

我們稱之為「金礦產品」。

好產品，是成功的一半。但是，屬於「金礦產品」的其實並不多

……

金礦產品的四大標準

1.可見價值高，能讓顧客直覺地感應到產品的好處。

2.成本低，有較高的利潤空間。

3.市場需求族群性廣，需求規模大。

4.售後服務要求少，基本上不會有維修、保養等服務問題。

③ 賣「金子」，不賣「麻煩」

我認識一個朋友，是銷售醫療器材的。這種機器可以根據中醫經絡的原理，來輔助診斷身體的健康狀況。

這種產品在店面的售價是6000元，他在網路上只賣1800元——因為，他以為：只要價格低，就一定好賣。

結果呢？

他開了網路商店之後，發現成交量很少，一個月不過十幾台，而且，售後服務非常麻煩。

為什麼呢？

一則，這種醫療器材比較專業，需要懂得中醫穴位的人才能使用得比較順手，而一般普通人士在辨別穴位的能力並不強。

所以，網路商店的瀏覽者很多人一開始會對產品感興趣，但仔細了解就被有點繁瑣的「辨穴識經」的方法給嚇跑了。

二則，這種產品的外包裝非常好看，看上去至少也價值5000元。

但由於他只賣1800元，所以，很多瀏覽者以為他賣的是「仿冒品」；反而不相信他。

第三，就算有一些瀏覽者購買了，但是，由於這種產品要配合一套軟體使用，於是，在安裝軟體、使用器材、輸入電腦資料、統計表格分析……等過程之中，每一道流程都會讓購買者產生了大量的疑問與困擾而想找賣方諮詢。

甚至還有人因為上了年紀，不會操作電腦，從而無法使用本器材，最後退貨。

請你判斷一下，這位網路商家的「產品」，屬於「金礦產品」嗎？

毋庸置疑，答案是：NO！

這位網路商家賣的不是「金礦」，而是「麻煩」。

＊ 可見價值是關鍵

為什麼說這位網路商家賣的是「麻煩」呢？

首先，這種器材的「可見價值」不高。

什麼叫「可見價值」呢？

可見價值，就是指顧客很容易透過視覺、聽覺、感覺等方面，直觀地發現其顯著的效果和好處

但是，這種器材，並不是有直接的治病療效，而是利用中醫原理，進行「經絡檢查」。

而且，其資料也是以「心經」、「腎經」之類中醫方面的專有名詞來呈現的——這對於普通用戶來講，非常抽象，難以理解。

因此，我們說這種產品的「可見價值」不高。

相反地，我們有一個學員，是賣貼布膏藥的，可以治療頸椎痛。一貼就見效，很快就能感覺到頸部的疼痛減輕許多。

那麼，這種膏藥的「可見價值」就比較高。消費者自然更願意掏錢購買。所以，你務必記住──

消費者都是肉眼凡胎，你不能奢望他們會以專家學者的身分來衡量你的產品價值，你必須給消費最直觀的效果展現，讓他們可以快速發現你的產品價值。

任何產品，都是為消費者服務的，所以，「可見價值」的高低，是評價產品優劣的第一要素。

如果你在你眼前有兩類產品，其他條件都基本相同，但是，一類是「消費者要使用一個月才見效」，一類是「消費使用三天就見效」，那麼，你應該選擇哪一類呢？

記住，消費者往往都是為「眼前利益」而付費的，不要奢望他們有「等待的耐心」。

以最快的速度、最直觀的方式，讓他們看到顯著的結果，這就是「金礦產品」。

✶ 成本低，是贏利的關鍵

那個賣醫療器材的網路商家以為「價格低就會好賣」，所以，他把市場售價為6000元的器材，只標價1800元。這實際上已經接近成本價了──1400元為進貨價。他每賣一台，最多賺400塊。

相反地，那個賣貼布膏藥的網路商家，每份膏藥的價格是400元，而它的成本僅有25元。這就意味著，他每賣出一份，就賺到了375塊。

這兩項產品的贏利能力，差異有多麼大呀？

- 一個是用25元賺375塊，利潤有15倍
- 一個是用1400元賺400元，利潤率28.5％

任何人一眼就可以看出孰優孰劣。

同樣的努力，為什麼會有不同的結果？

同樣的銷售量，為什麼會有不同的贏利？

關鍵就在於「成本」。

要想賺錢，就要提高產品的利潤率，降低進貨的成本——這是在網路上打拚的基礎知識。

所以，如果你想進入網路的世界淘金，就必須選擇你承受能力範圍內的低成本產品；這樣就能以更少的投入，換取更多的回報。

這一點毋庸置疑。

＊ 市場規模，決定了你的發展空間

經絡診斷器材的市場範圍很窄，都是針對有中醫基礎的中年年齡層較高的消費者——他們相信中醫，願意使用這類的器材來檢查身體的健康狀況。

而頸椎貼布膏藥是合適廣大客戶群體的，辦公室白領、中老年……他們普遍都存在著頸椎疼痛的困擾。

而一旦產品好用，這些人就會自發地告訴身邊的朋友——因為，患頸椎疾病的人實在太多了；尤其是在電腦、智慧型手機使用率越來越普及的今天。

這就意味著，靠產品功效所引發的自然口碑，可以幫助這位貼布膏藥網路商家的生意逐漸壯大。

請記住以下的公式：

「優質的產品＋廣大的客戶群體＝巨大的財富潛能」

所以，選擇了不同的產品，就相當於選擇了不同的「領地」。

無論你多麼努力，在沙漠上耕耘再久，也收穫甚微；相反地，找到水土豐沃的田地，無論種什麼，都可以輕鬆豐收⋯⋯

✱ 售後服務少，銷售過程簡單直接

相信我，60％以上的網路商家，都在銷售「麻煩」──他們不得不面臨大量的售後服務問題，或者是退、換貨問題。從而把大量的時間與精力都放在了「售後環節」，而無法做更增值的事。

賣「貼布膏藥」就簡單多了，只要貼上去就好了，人人都會；但是，經絡診斷儀就不是了。需要持續地教育那些客戶如何安裝、如何操作、如何查看圖表⋯⋯

而且，貼布膏藥是持續消費型的產品，顧客一般要貼上四片左右才會好。但是，經絡診斷儀可以使用多年，沒有誰會在這一台沒有壞的前提下，再買第二台。

親愛的朋友，如果你也在網上銷售產品，請你審視一下自己的產品特色，根據「金礦產品」的四大標準，你可以衡量一下，自己賣的是「金子」，還是「麻煩」。

金礦產品的四大標準顯而易見。

陳輝民的成功，首先在於，他選擇了「領帶」這種「生產成本低、市場需求大」的產品。而且，也沒有什麼「售後服務」的問題。

他策劃的重點，在於：成功塑造出了產品的「可見價值」。

④ 如何塑造產品的可見價值

產品的價值，有多種內涵，除了其自身的使用價值以外，還可以透過「運作」來創造出更多的價值要素。

總體來講，產品價值可以分為「實」與「虛」這兩個部分：

> ## 產品價值的組成
>
> **實**：是指產品自身的使用價值，這是由產品的實物形態決定的。
>
> **虛**：是指附著在實物形式上的，其他的價值，比如「情感」、「資訊」、「人際」、「權力」……

✳ 價值的「實」與「虛」

對於「領帶」來講，其「實價值」很簡單，就是用於穿著、儀表。

而「虛價值」的文章，就非常多了。可以創造出無窮無盡的「隱藏賣點」。

- 定義為「情侶贈品」，那就可以賣給女士。
- 定義為「大學畢業的標誌」，就可以以團購方式賣給大學生。
- 定義為「事業成功的標準」，就可以賣給企業家。

……

這是沒有限制的，只要你發揮你的想像力即可。

而陳總最聰明的地方在於：他定位在了「渴望成功的人士」——這些人還沒有成功，因此最願意為「成功」投資。

那麼，最能影響這些人的「意見領袖」，當然就是馬雲這些成功企業家。

但是，單純的定義「成功」，是無法精確鎖定目標客戶群體的。所以，他又做了一個「客戶聚焦」的工作。記住——

> **因為聚焦，所以才能放大。**

他聚焦於「銀行職員」這一目標客戶群體之中，接下來的著眼

點，就是「如何放大領帶這一產品，對於這些職員的價值與吸引力」。

陳總是怎麼做的呢？

他積極地去拜訪銀行的高階主管們，請他們簽字──對於銀行職員來講，這些「巨頭」們的影響力和號召力，非常之大。

比如，中國工商銀行全國職員總數約為五十萬。這些人天天聽到的、看到的、讀到的……都是總行行長們的「音容笑貌」與「行政指示」。如果是「巨頭們」所推薦的產品，那麼，普通的小職員是很難抗拒的。

為什麼小職員難以抗拒「總領導」的推薦

1. 領導權威：長期耳聞目染，已經形成了對於「領導」的服從心理；
2. 品牌影響力：對於領導的信賴，直接導致了對於其推薦的「信賴」。
3. 中國式的人情與面子文化：員工們害怕擔上「不給領導面子」的「罪名」，所以，基本上都會購買。

這些「虛價值」交織在一起，就直接產生了巨大的「可見價值」。於是，被陳總在「銀行職員」這一細分市場裡，「引爆領帶商機」了……

綜合以上，我們可知。陳總的成功，核心就是「產品選擇與定位」的成功。我們也應該從中尋找自己的財富商機……

✳ 產品的「聚焦」定位

在網上創業，你需要簡單而有效的商業模式，那麼，以下這句話，就是核心：

> 策劃商業模式的關鍵在於「聚焦」。
>
> 首先，聚焦於「客戶」，其次，放大「產品價值」。
>
> 依循「先聚焦客戶群體，再圍繞客戶需求，放大產品價值」的脈絡，很多產品都會立即產生與眾不同的吸引力。

前面我們講的「賣金子，不賣麻煩」的觀點，是集中於產品自身的特性——即「實價值」。

而本節所強調的，是「產品的定位」——更多的是「虛價值」。

行銷之道，就是「虛實結合」。實的方面，是很難改變的，就好像你要調整「領帶」的結構與功能，是很麻煩。要請專業的設計師，甚至還要進行長期的客戶教育；才能打開市場。但是，「虛」的方面，就很容易。創造一個概念，增加一個「賣點」，都是動動腦就可以做到的。

陳總的成功，恰恰在於「虛價值」的定義與放大。

因此，金礦產品的選擇，你要關注兩個方面，一為「實」，二為「虛」。

「實」講究：「成本低、市場大、價值高、售後少」。

「虛」講究：「先聚焦、再放大」——聚焦於「核心客戶」，放大於「無形價值」。

只要你明白了「虛實結合」之道，那麼，你可以不費力地發現身邊眾多的商機，賺錢也就事半功倍。

Internet Marketing

進入「巨人賺錢機器」的精彩世界

有了好產品，也僅是「萬里長征的第一步」；後續更重要的是，你要學會把產品銷售出去的智慧。

在這裡，我們分享一種行之有效的銷售體系——「巨人賺錢機器」體系，它融合了我們多年的實踐經驗，借力這套模式，可以把網上銷售，逐漸導入「自動增值迴圈」的過程。最終實現「自動賺錢」的目標。

更與眾不同的是，這套「巨人賺錢機器」很適合新人起步，因此，請大家務必要理解這套模型的基礎原理。

也就是說，要先樹立一套截然不同的財富思維。

只是，在我跟大量學員接觸之後，發現他們頭腦裡普遍帶有一些錯誤的理念。他們絕大多數的失敗，往往不是由於「自身不努力」；而是被片面、甚至有害的思維所誤導。

此時，直接告訴他們全新的思維，他們往往是無法立即吸收的，甚至會有所抗拒。

就比如，假設你面前有一個水杯，裡面裝滿了水的話；那麼，無論你怎麼努力，都無法把新的水倒進去——除非你先把杯中的水清空！

因此，在開始學習「巨人賺錢機器」課程之前，我必須先幫助你

把那些已經充斥在你腦中的舊的思想觀念、過時的思維定式，都清理一遍，這樣才能保證你以「空杯」的狀態，來充分地學習全新的知識體系。

所以，讓我們先來看看人們常見的誤區……

1 財富自動化的三大誤區

✳ 誤區之一：一分耕耘一分收穫？

「一分耕耘一分收穫，沒有好的耕耘就沒有好的收穫！」

這句話是我們祖祖輩輩流傳下來的「至理名言」。其字面的意思就是「收穫來源於付出」、「不努力幹活就賺不到錢」！

我不否認這句話的價值，但在21世紀的財富之旅中，有了不一樣的現實。

除了房租收入、存款利息等被動收入源泉之外，借助技術力量，我們可以輕鬆打造自動化的賺錢機器。

比如，我們的「房神網站」可以每天24小時、每年365天，無時無刻不在工作。為我們創造財富。完全不需要人員去維護，更不用做客戶服務。

它是一個徹徹底底的「巨人賺錢機器」。

而我們最初也只不過花了幾週的時間來架設這個網站罷了。

相反地，很多人選擇在拍賣平台上開網路商店，每天要線上做客戶服務，從早上8點到晚上11點，都要在線上，這樣才能說服瀏覽者購買商品，才能賺錢。

我們不否認這些網路商店店長也可以賺到錢，但是，這樣賺到的錢，屬於「用時間換金錢」，跟街頭店面的銷售員，有什麼區別呢？

信念決定行為，行為決定結果，結果加強信念！

你相信什麼，就會看到什麼。

當你相信「只有辛苦努力，才能賺到錢」時，那麼，你就拚命幹活，努力工作……雖然賺到錢了，但是，你永遠也走不出「用時間換金錢」的循環。

所以，我們看到，身邊的人往往都是「賺得越多，活得越累」。完全享受不到「時間的自由」。

所以，請那些執著於「付出才有收穫」的人清醒一下，認清——

客戶不會根據你的付出來支付費用，他們只會根據自己的受益程度來付費。

你工作得再辛苦，如果客戶沒有感受到價值，他們也是不會支付任何一分錢給你的！

在客戶的字典裡，沒有「辛苦費」，只有「投資額」！

你不能總想著「自己很辛苦」，所以應該要「高價」。

而應該想著「使用我的產品，能給客戶帶來100元回報；所以，我應該向客戶索要10元」！

也就是說，「一分耕耘、一分收穫」這句話的謬誤在於，它完全顛倒了「財富」的本質。

創造財富的過程，就是價值交換的過程。
你應獲得多少財富，取決於你為別人創造了多少價值。

所以，想要「不付出卻有收穫」，根本就不是什麼天方夜譚。

你只需要把「價值交換」的過程自動化即可。

本書接下來將介紹一系列的方法，教你如何把這些過程「自動

化」起來。

所以，你很快也可以像我們一樣，擁有像「房神網站」一樣的巨人賺錢機器。

★ 誤區之二：使經營自動化，需要很長時間？

很多人非常羨慕一些企業家可以不用每天坐陣公司，能一派輕鬆地去外面爬山、探險、旅遊……但他們卻認為自己的企業做不到！

為什麼做不到呢？

他們不從自身找原因，而常常把「客戶」、「員工」、「產品」等因素掛在嘴邊。然後，就得出一個結論：「使經營自動化，需要很長的時間，慢慢優化」！

我認為這種「理由」值得商榷。

> 思路決定出路，起點決定高度。

「自動化」不是一個順其自然、水到渠成的「階段」，而是目標明確、精心打造的結果。如果你一開始就不知道「目的地」在哪裡，那你很可能會走錯方向，甚至離終點越來越遠。

實際上，經營自動化的過程，只是「入庫：讓訪客看了網頁以後填寫註冊資料，名單進入資料庫」、「招商」、「促銷」這三個環節的自動化組織的過程。

你只要明確了這一思路，只需要把這條「自動流水線」上所需的「零件」，一個一個地「組裝」好即可。

大多數行業、大多數產品，都可以套用到這一體系之中。

根據我們的經驗，90％的經營者，只需要三十天，就可以設計並啟動自己的「巨人賺錢機器」。

為什麼可以這麼快呢？因為，「巨人賺錢機器」已經被我們優化成為「標準化」的實施模組。

就像堆積木一樣，70％的積木都是設計好的，固定不變的。

只有30％的「積木」需要針對企業的實際情況進行調整，所以，使用這套「自動賺錢機」體系，經營者們相當於「站在我們的肩膀上前進」！

使用成熟的方法，借鑒成熟的模組，嵌入自己的產品及業務——按照這套架構來打造「巨人賺錢機器」，怎麼可能不快呢？

★ 誤區之三：普通創業者無法做到「財富自動化」？

這是我最常見到的一類誤解，也就是說，90％的事業初創者都認為：「經營自動化屬於事業有一定階段之後才可能實現的事；剛開始創業的人，根本就談不上『睡覺也能賺錢』。」

我可以理解這類的想法。因為，按常理來說，創業者首先要解決「吃飯問題」，其次才是「吃好問題」——而根據普通人的認識，「財富自動化」必須屬於「吃好」範疇的。

按照傳統的創業模式，這的確是事實——進貨、開店、宣傳、銷售、收款……，這些問題都需要在實踐之中，一點點攻克，一步步解決。

把這些問題都解決了，才能談上「標準化、流程化」，再進而「自動化」。

但是，在資訊時代，一切都變了。

在「魚池致富術」的模式裡，我反覆強調一點：

> **客戶名單，就是你的存款；**
>
> **客戶資料庫，就是你的小金庫；**
>
> **客戶對你的信賴，就是你永續的財富。**

如果你真正理解了「魚池致富術」，那麼你就該明白：

財富體系的核心，不是「產品」，而是「客戶資料庫」。

如果把「財富創造體系」的核心定位為「產品」，那麼，「進、銷、存」等環節必然成為你所關注的焦點。

這些基於「物」的運作環節，不但帶來大量的風險隱患，更帶來無窮無盡的「組裝」麻煩——也就是讓各個環節精確匹配、流暢運轉的困難。

而基於「魚池致富術」的「巨人賺錢機器」體系，是「逆向工程」的代表者。它拋開關於「物」的繁瑣，專注於「人」的簡潔。

一切都圍繞「客戶資料庫」來展開，根據需要，把其他的「部件」組裝進去。無論大小，都可以快速實現「自動化運轉」的目的。

所以，「巨人賺錢機器」的致富模式，相當於是「一台可以獨立運作的筆記型電腦」，可以獨立運作——因為筆記型電腦本身就內置了主機板、硬碟、CPU、顯示器……開機即可使用，只是功能簡單點。

隨著你的事業不斷發展，你可以為這台「筆記型電腦」增加各種「外設」，比如「印表機」、「移動硬碟」……那麼，這台電腦的功能就越來越強大起來，可以做越來越多的事！

所以，你的事業階段以及規模，只會影響「這台電腦」的功能大小，但不會改變這台電腦「可以獨立運行」的本質特徵。

這就是「巨人賺錢機器」最與眾不同之處。

格局決定佈局，佈局決定結局

在後文，我將介紹一系列的方法，告訴你：即使是一隻螞蟻，也可以享受「財富自動化」的天堂。

無論你現在的事業起點如何，你都可以快速打造出屬於自己的巨人賺錢機器。

因為，你不是「摸著石頭過河」，慢慢地把事業「由無序變有序」，並「自動化」。

而是直接根據「藍圖」來組裝你自己的「賺錢機器」。

是「自行摸索」快，還是「按圖組裝」快呢？

答案不言自明。

那麼，此時此刻，你可能有點「好奇」：既然它無需太多付出，無需長期累積，無需具備事業基礎，那麼，「巨人賺錢機器」到底是什麼呢？該如何「組裝」呢？

就讓我們展開這個話題吧！

2 組裝你的「巨人賺錢機器」

在前面的章節之中，「積木」、「組裝」之類的字眼，可能讓你迷惑不已——難道「財富」也可以像機器一樣「組裝」而來嗎？

事實勝於雄辯，讓我們從一個網站開始……

＊「房神網站」的財富之道

房神網站的「巨人賺錢機器」

房神網站是2007年初建置起來的一個單頁型網站——只有一個頁面，銷售《房神祕笈》這本電子書。這本電子書收錄了一些房地產投資的技巧，目標客戶是想買房或想投資房地產的一般民眾，定價290元。

該網站於2月上線，最初使用的就是最原始的宣傳方法——在論壇裡發信，然後每個發信的尾部就是房神網站的網址。

半年多後，直到9月初，註冊用戶才460人。銷售情況並不理想，平均每個月才賺5000元上下。

2007年9月中旬，我們接手了這個網站，經過仔細的分析，我們認為這個網站的潛力沒有充分發揮。

於是，我們在它原有的基礎之上，重新設計了產品組合，並增加了新的網站功能——「自動賺錢機」。

這部「自動賺錢機」於9月22日正式啟動，從這一天起，網站流量開始迅速攀升。

原本到9月22日止，網站的註冊人數僅476人。然而一個月後，即10月22日，註冊人數暴增到7135人。兩個月後突破30000人……銷量更是急遽上升！

整個過程，我們沒有花一分錢做廣告。完全是靠一套「自動化的運行機制」。以下，就是我們的具體做法：

①免費提供《房神祕笈》的前三章作為「試讀版」，瀏覽者

只註冊成會員即可觀看。

②註冊者同時獲得名為《自動賺錢機》的電子書，書裡面詳細介紹了如何推廣《房神祕笈》，尤為重要的是，裡面清晰傳達出這條資訊：「每推廣成交一筆，分享100％佣金，即290元售書款全部給推廣者」。

③在《房神祕笈》完整版裡，大力促銷其升級版電子書——《超級零首付》，每套4400元。

正是使用這套方法，我們僅用一週的時間，就把一個不起眼的小網站變成了「巨人賺錢機器」。

這套不花一分錢就可以快速擴張客戶資料庫，並讓財富自動倍增的技術，其實施過程其實非常簡單，所需的技術也不難。

但是，效果卻非常不錯。即使到了2012年我寫作本書的時候，「房神網站」的註冊量還在持續擴張——注意：這個網站早就已經進入了自動化的運營狀態，無需一個客服人員，每天都會有註冊客戶新增進來，並有訂單湧入……

這是就是「巨人賺錢機器」！即使是一個普通人，也可以借鑒這種智慧，模仿這種做法，輕鬆搭建起自己的「財富大廈」。

結合「房神網站」的做法，我們現在來剖析一下「巨人賺錢機器」的架構及運作原理……

✱ 巨人賺錢機器的架構

「巨人賺錢機器」是「魚池致富術」的「執行者」，如果你讀懂了《網路印鈔術》一書的話，就可以明白以下的一些基本論點：

> ## 「魚池致富術」的基本觀點
>
> 「魚池」（即「客戶資料庫」）才是我們真正的財富；
>
> 財富的尺規，不是「銷售業績」，而是「客戶資料庫的規模」；
>
> 做大「魚池」最有效的辦法，就是「散播魚餌」；
>
> 「客戶信賴感」是決定「成交」的重要前提；
>
> 只要客戶相信我們，我們就可以「持續提現」──
>
> 也就是「終生收入」！

在這些論點的支撐之下，現在我們開始來勾畫「巨人賺錢機器」的草圖。

我建議你把以下這張圖抄下來，一方面加深記憶，另一方面引導自己的思維──它就是本書精華的濃縮，它就是「巨人賺錢機器」的結構，就是你的財富寶藏。

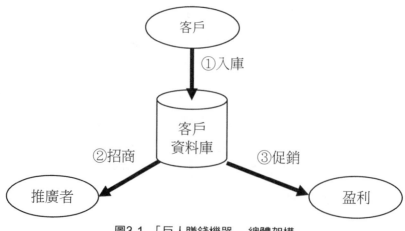

圖3-1　「巨人賺錢機器」總體架構

　　上頁這張圖，涵蓋了整個「巨人賺錢機器」的架構。看上去僅有四個模組、三個步驟，好像很簡單，但裡面包含了筆者多年的實踐經驗以及大量的技巧，充分體現了「魚池致富術」的思想精髓。

　　結合「房神網站」的經驗來講，我們可以把「巨人賺錢機器」的原理概括為⋯⋯

「巨人賺錢機器」原理

以客戶資料庫為核心，搭建起「客戶」、「推廣者」、「盈利」三元素交互對流的運作體系，從而打造自動化的財富增值系統。

　　如何了解這套「巨人賺錢機器」的工作模式呢？

　　比如，我們有一個空的魚池，而我們的目的是想吃魚。那麼，就要解決三個問題：

　　1.如何把別人魚池裡的魚，「釣」入自己的魚池？

　　2.如何激勵別人幫我們「釣魚」？

　　3.如何從自己的魚池裡「撈魚」出來，變成真正的「美味」？

　　這三個問題，就是以下三個問題的比喻：

　　1.如何吸引潛在客戶進入「資料庫」？

　　2.如何發展推廣合作夥伴？

　　3.如何從「資料庫」裡促銷產品，實現盈利？

　　我們可以把這三個問題，分別概括為「入庫」、「招商」、「促銷」。所以，以「魚池致富術」為原理的「巨人賺錢機器」模式，所要幫你解決的，就是這三個流程的自動化組合。

　　結合「房神網站」的做法，現在我們分別加以分析如下。

③ 「賺錢機器」的三元互動

在上一節，我已經介紹過了「巨人賺錢機器」的基本架構，接下來，我將針對「入庫」、「招商」、「促銷」三個環節，來做一次完整的分析。

✳ 生存之本──「入庫」

「房神網站」在首頁裡，就設置了四個註冊框，每個註冊框前面都寫著醒目的大字：

> ### 馬上下載《房神祕笈》試讀版
> **您無需為付費而遲疑，您只需親身去感受它的價值──我們提供本書的試讀版給您免費學習。只需填寫下面兩欄，您將立即揭開《房神祕笈》的面紗……**

這樣的文字有什麼用呢？

在《網路印鈔術》裡我強調過，「顧客購買欲望」分為三個階段，分別為「瞭解期」、「信任培育期」以及「渴望期」──越進入後面的階段，顧客的成交願望就越高，顧客也就越願意掏錢。

在「房神網站」上面，當一個瀏覽者剛看到網頁文案的時候，他僅屬於「潛在顧客」，在「顧客欲望週期」模型裡，他的「購買欲望」很低，僅僅處於「瞭解期」──他知道網站是做什麼的，瞭解了網站能帶給他的價值；但是，這種「瞭解」是很初級的，更重要的是，他也不信任網站；甚至會認為這個網站是「騙人的」。

此時，你想讓他立即「掏錢成交」，立即線上支付290元來購買《房神祕笈》，那是很不容易的，機率是很低的，100個網站訪問者當中，有1個人願意立即掏錢購買，就算不錯的了。

　　而「機率小」的原因，就是因為中間跨越了「信任培育期」——這個非常重要，並且較為耗時耗力的階段。

　　那麼，如何引導處於「瞭解期」的瀏覽者進入「信任培育期」呢？這就要靠後續的溝通。而最基本的方法，就是「免費的價值分享」。

　　所以，「信任培育」要靠「溝通」；溝通就必須有「管道」。於是，我們就要求註冊者留下電子信箱等聯繫方式；而讓對方留下聯繫方式的「誘餌」就是「《房神祕笈》試讀版」。

　　如果瀏覽者留下了聯繫方式，那就意味著，他授權給你，願意透過電子郵件等管道，接受你後續的資料，接受你的「信任培育」。

　　那麼，一條「電子郵件」就構成了一條「客戶資料」，於是，我們就多了一個「資料庫的記錄」，也就多了一個潛在的盈利機會。

　　以上的過程，簡單來說，就是：

「入庫」含義

以「贈品」等好處為誘餌，吸引潛在客戶留下聯繫方式，從而變成你「客戶資料庫」的一筆客戶資料，這個過程即稱為「入庫」。

　　如果你認真學習過「魚池致富術」的基礎知識的話，那麼，你一定會理解「入庫」的意義。

　　然而，還是有很多人不太重視「入庫」的價值，他們總以為「直接促銷才有意義」！曾經有學員提出這樣的問題：

　　「老師，我是賣鞋的；我下面有十幾個加盟商，我服務好這十幾個就好了，何必去管那些買鞋的消費者呢？我難道還要為這些消費者一個一個地建立『資料庫』嗎？」

　　我的回答很簡單：「當然要建，必須要建！越早建立越好！」

也許你會感覺建立最終消費者的「資料庫」很麻煩，但是，你不要忘了：消費者有五大價值，而「成交」僅是其中的一項。

最終客戶的五大價值

1.轉介紹

2.提供客戶見證

3.為獲取佣金等收益而加盟合作

4.為瞭解競爭對手等資訊而進行的市場調查

5.成交

沒有建立過「客戶資料庫」的人，是無法體會到其強大威力的。

我說過，「客戶資料庫就是你永續的財富」——這句話是有很深的含意的。

就公司實體而言，可能面臨多種風險，比如「商品庫存」、「法律訴訟」、「員工離職」、「惡性競爭」……任何一個都可能造成公司的土崩瓦解。

然而，那些「信任你的客戶」卻不容易「瓦解」。即使你失去了一切，只要你廣發電子郵件，傳送訊息，打幾個電話，就會有客戶主動來找你，甚至把「錢」送到你的面前。

在房神網站發展的過程之中，我們經歷了多次的「客戶鼎力相助」。

➢主動介紹朋友來訪問網站。

➢主動寫讀書心得，提供見證。

➢主動加盟推廣。

➢主動提供「山寨版房神網站」的資訊。

提供這些幫助的人，有90％的都是沒有購書的普通註冊者。

可以說，沒有這些人的幫助，就沒有「房神網站」今日的成績。

如果房神網站像眾多網路商店一樣，把商品資訊掛在網上，然後就坐等別人「上門成交」，那麼，它早就淹沒在茫茫網海之中，了無聲息了；更談不上後來所打造的「巨人賺錢機器」模式。

所以，「客戶資料庫」是房神網站生存的根本，是生命之源。

同理，請你記住：

客戶資料庫是「巨人賺錢機器」的生存土壤，無論你是做什麼行業的，建立一個可以吸納所有潛在客戶的「入庫機制」，是你的第一要務！

切記：千萬不要把「成交」變成「入庫」的門檻。

以上的這段話裡，最後一句最重要。

我聽過一些商家說：

「不願意掏錢、總想撿便宜的客戶是劣質客戶，應馬上淘汰！不要浪費時間。」

我認為這句話有所偏頗。

一方面，客戶現在沒有跟你成交，是有很多原因的。比如，他剛買過類似的東西；手頭正好沒有現金；剛聽鄰居說過本產品的「不良評價」……

這些人往往不是沒有支付能力，而僅是銷售的「時機不對」、銷售的「火候不到」。如果你現在就把他們淘汰掉，那你就淘汰掉了50％以上的未來成交機會。

另一方面，正如我前面所提，客戶有五大價值，絕不應該僅僅用「成交」來衡量一切。

更重要的是，隨著資訊處理技術的不斷進步，管理1條資料，與管理100萬條資料所花費的成本，往往相差無幾。

你可以根據客戶的貢獻度來分別提供不同的服務；但是，你不能因為今天看不到客戶的「貢獻」，就將他「當垃圾一樣丟掉」。

記住：「入庫」是「巨人賺錢機器」生存之本，在此基礎之上，我們才能展開後續的所有環節。

而後續環節的關鍵點，就是實現「推廣自動化」的設計。

✷ 活水之源──「招商」

「房神網站」的建設之初，是完全靠站長一個人的力量來做推廣的。所以，做得非常辛苦。要不斷的寫軟文（用文章形式呈現的廣告信）、發文（PO文，大陸內地稱「發貼」）、轉貼──這套模式，稱之為「人肉發貼機」。

雖然經過半年的累積，也不過才獲得四百多個註冊者，「客戶資料庫」小得可憐。

這種原始的方法可以用來做網站起步時的第一推力，但不能幫助網站的註冊量及銷售量快速飛躍。

所以，我們要靠「群眾的海洋」，要「團結一切可以團結的力量」，一起來加入「推廣」的行列。

我們的做法就是：

> 向全體註冊者發出號召，針對其中想賺取佣金的人，吸引他們加入推廣《房神祕笈》的活動，然後分享推廣佣金──100％佣金。

這種「佣金推廣」機制開放之後，我們的註冊量飛速提升，在一個月內，就狂增十四倍──創造了一個不可思議的紀錄。

　　更有意思的是，以此推廣該網站所需的工作，從此徹底結束。那些「人肉發貼機」的工作，就自然而然地由「推廣者」承擔了過去。

　　網路上談論《房神祕笈》的文章在短期之內成幾何級數倍增——宣傳攻勢一波接一波的席捲而來。

　　當然，相對於其他的商業網站而言，「房神網站」的影響力根本不足一提；但是，它所實踐的「百分百病毒行銷」模式，卻是為我們眾多學員們，打開了一扇通往「自由財富」的大門！

　　關於「百分百病毒行銷」模式，我會在後文詳細分析。在此，我只想提示你……

「招商」的含義

以佣金為驅動誘因，吸引註冊者成為推廣夥伴，主動宣傳商家資訊，從而吸引更多的潛在客戶進入「客戶資料庫」。

　　在「房神網站」的推廣機制裡，我們跟合作夥伴說：

不用你們自己寫推廣文案，你們只要把我們寫好的文章，貼到各個論壇、部落格、臉書裡即可，在文章的最後，加上一句話：「如果你想瞭解更多的資訊，請點擊***網址，免費下載《房神祕笈》」……

　　注意到上面這段「推廣文字」的特色了嗎？

　　這段文字，不是簡單地吸引別人訪問某網站，而是主動送「《房神祕笈》試讀版」——也就是「主動送魚餌」。

　　那麼，如果有網友透過某個推廣者的連結進入「房神網站」，他想免費獲取《房神祕笈》時，就不得不註冊；於是，就成為了一個新的「資料庫記錄」。

　　所以，「巨人賺錢機器」裡所提到的「招商加盟」，與我們平常

瞭解的「招商」概念，是不太一樣的——它是一種圍繞「魚餌」來運作的「推廣機制」……

加盟商使命

加盟商的使命不是「推銷產品」，而是「散播帶鉤的魚餌」；不是「賣」，而是「送」。

由「賣」改「送」，這是一種重要的「觀念的轉變」。以往的推廣者（包括加盟商），要負責的事情是很多的。

比如，一個人加盟某家「皮鞋連鎖」品牌，那麼，他就是自己開店面、進貨、招募銷售員、發宣傳單、辦促銷活動、成交顧客、售後服務……

這是非常耗時耗力的工作，而且也需要承擔經營的風險。

而他的上游總部，所要承擔的事項卻相對少得多。

即使是把這套模式搬到網路上，對於加盟商來說，也是有著不小門檻的。如下圖所示的五個環節，是基本的操作流程。

圖3-2　普通網店加盟者的操作流程

這種過程之中，已經省略了傳統商家所需的「進貨」、「發貨」的環節。

而按照「魚池致富」的模式，我們可以讓這種普通的「網路商店」流程如下：

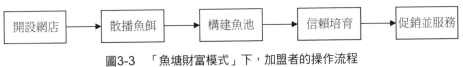

圖3-3　「魚塘財富模式」下，加盟者的操作流程

　　這種模式，也就是「房神網站」在開設初期所使用的。它與網路商店的最大區別在於：「房神網站」是以「建構魚池」為核心的，而普通網路商店是以「成交」核心的。

　　而要想激勵推廣者，就要想辦法，提高他們的佣金收益，降低他們的推廣難度。

　　如果按照傳播的加盟模式，上圖所示的所有環節，都需要加盟者去一一履行的。而在「房神網站」的推廣體系裡，根本就不需要加盟者做這麼多的工作。

　　他們只需要負責一個環節即可：幫助網站來贈送《房神祕笈》試讀版——即幫助商家來散播「魚餌」。

　　由「賣」改「送」，當然大大降低了實施的難度。更容易吸引人們加盟。

　　同時，把佣金提高到普通商家也料想不到的程度——100％佣金——相當於整個房神網站就是推廣者自己的網站、自己的生意一樣，所以，才可以獲得全部的銷售收益。

　　於是，這套「100％佣金制」極大地激發了普通註冊者的熱情，吸引了眾多推廣夥伴。他們主動地去各個論壇、部落格裡面轉載《房神祕笈》的相關文章，進而，幫助「房神網站」在沒有投資一分廣告費的前提下，實現了註冊數量及銷售量的極速倍增。

　　於是，「瀏覽者→註冊者→推廣者→更多的瀏覽者」……這樣的迴圈機制建立起來之後，網站的註冊用戶數量像滾雪球一樣地迅速膨

脹。

換句話說，「招商」幫助「房神網站」實現了自動化的「活水注入機制」；而站在「加盟者」的角度來看，他們實際上「沒有花一分錢，無需冒任何風險，只需要做一些沒有難度的推廣工作，就獲得了一個屬於自己的賺錢工具」。

所以，這是一種真正的「雙贏」。

那麼，就讓我們給「巨人賺錢機器」模式下的「招商」環節，做一次深入的分析：

> ### 「招商」的深層意義
>
> 「招商」既是分擔「推廣工作」的過程，也是「分享財富」的過程；我們只需要打造一個有效的財富系統，然後讓加盟者「坐享其成」！

所以，在初期的推廣過程之中，「招商」是為了「代替商家散播魚餌」——即所謂的「佣金會員」；而到了後期，「招商」應該是為了「連鎖化複製有效的賺錢機器」。

關於這個話題，我們後面還會更加具體地探討。

然而，無論是「入庫」還是「招商」，都是「鋪墊」；我們最期盼的，就是在「魚池」裡提領現金的環節……

✳ 財富之旅——「促銷」

對於站長來說，「房神網站」的收益並不是來自於「290元的《房神祕笈》」——因為該書的銷售收益，都歸「推廣者」所有了。

站長的收益來源在其升級產品的銷售——價格為4400元的《超級零首付》。

那麼，該如何引導購買《房神祕笈》的消費者，再進而投資4400元購買《超級零首付》呢？

這裡面所應用的方法，其實很簡單，就是在《房神祕笈》的最後，加上了關於《超級零首付》的促銷信。

讀過《房神祕笈》的人，其中必然會有一部分的人（哪怕僅有1%）屬於「饑餓型」，他們迫切學習更多的房地產投資知識；而且，他們也有相應的支付能力，所以，他們就「順其自然」地購買了4400元的《超級零首付》。

當然，也同時要配合「贈品」、「限量」等加強促銷的手段。

從某種程度上說，價格為290元的《房神祕笈》，其本身就是一個「魚餌」，它進而又促成了後續的銷售。

「促銷」的含義

對於具備一定信任基礎的客戶，透過「贈品」等激勵來促成盈利型產品的銷售。

由於「促銷」是提現的重要過程，而且是基於「信賴培育」工作之上的，所以，其成交率及成交金額，都可以得到保證——其效果，將遠勝於「直接促銷」。

在本書的後面章節，我將詳細闡述一些經過實踐驗證的促銷手段。無論你是一個人做專案，還是以公司實體的身分來運作；無論你是在網路上操作，還是在傳統管道來銷售，本書所傳授的針對「註冊客戶」的促銷方法，都將以5倍、10倍，甚至100倍的規模，快速擴展你的財富。

在前文介紹的基礎之上，我們來全面回顧一下「賺錢機器」的三元互動機制。

「賺錢機器」的三元互動機制

1. 「入庫機制」：是吸引接觸「魚餌」的潛在客戶進入「客戶資料庫」；其成功的關鍵在於「魚餌的設計」。

2. 「招商機制」：是通過佣金報酬來激勵別人幫助商家推廣，尤其是幫助「散播魚餌」。其運作的關鍵是「降低推廣難度、提高佣金報酬」。

3. 「促銷機制」：是向「客戶資料庫」促銷，獲得盈利的過程。其關鍵是「產品價值的包裝及促銷手段」。

這三大元素，圍繞「客戶資料庫」這個核心，構成了一套循環迴圈過程，從而實現了自動化的運作體系。

以下，再讓我們回顧一下「巨人賺錢機器」的架構圖，如下圖所示……

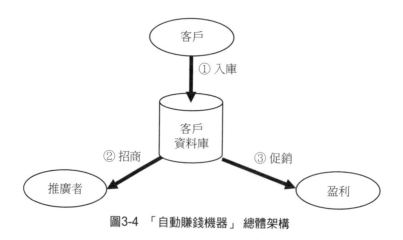

圖3-4 「自動賺錢機器」總體架構

我建議你可以自己親手拿筆畫一遍上圖，而不要僅僅只是用雙眼「掃描」——因為，我希望你可以把它深深地印在腦海裡，並真正地

付諸實踐。

　　當然，僅靠目前為止我們的所分享的知識，還遠遠不夠。

　　所以，從下一章節開始，我將全面、深入、細緻地解剖「巨人賺錢機器」，通過一系列的案例來幫助你消化、吸收——而這些模式，都是從國內外的「巨人」身上收集而來，因此，你要站在這些有效模式的「巨人肩膀」之上，才更快速度地取得成功。

　　真正精彩的財富世界，才緩緩拉開帷幕……

Internet Marketing

chapter 4
從水管工的身上
尋找財富軌跡

在一次行銷研習會上，我聽到美國「百萬富翁製造大師」丹·甘迺迪講述的一段非常生動有趣的故事，關於一個水管工百萬富翁的超級行銷案例。這故事給了我極大的啟發，幫助我領悟了巨人賺錢機器的祕密。

當然，這個故事也直接促成了本書的誕生——因為這個水管工的思路簡單易用，卻威力十足，相信會幫助眾多尋求財富之道的朋友。

所以，在開始學習「巨人賺錢機器」之前，就先來分享這個精彩的財富案例……

1 開賓士的水管工

以下是這個案例的完整描述，為生動起見，下文的「我」皆是指丹·甘迺迪本人……

開賓士的水管維修工

　　一天清晨，我突然收到一封信，信封上的地址是寫給我的——「丹·甘迺迪」。上面是一個新蓋上的印章，寄信者地址欄裡，寫著一個熟人的名字——湯姆——他不是我的好朋友，也不是親戚，也不是高爾夫球友——只是一個熟人，在費城一個商業協會裡認識的人。

　　這個協會裡有300位住在費城的專業演講人。我感覺很奇怪，因為我從來沒有收到過協會裡其他人的信——因為大家只是相識，但私底下並不常來往。

　　但我畢竟認識寄信的人，相信這不是什麼商業廣告信，所以打開了信。信的標題寫著「我猜你此刻一定想知道，我為什麼要寫信給你，談談關於一個水管維修工的事！」

　　「那還用問。」我心裡直冒問號：「湯姆這個傢伙在耶誕節都不會寄信過來，現在卻給我寫信，談什麼水管工的事，究竟在搞什麼名堂？」

　　帶著強烈的疑惑，我讀起了這封信。

　　原來，這封信裡講了一個故事……

　　某個週五的晚上，湯姆在家裡舉辦了一個盛大的社交Party。晚上9點，吧臺上的一處水管突然四處噴水。搞得家裡一片狼籍。湯姆不得不在週五晚上焦急地尋找一個願意出任務的水管工。

他打遍了電話簿，終於找到了一個叫艾爾的水管維修工。

艾爾急速地趕來，不到20分鐘，就把漏水的水管搞定了。事後，艾爾並沒有獅子大開口，甚至沒有向湯姆索要配件費，而僅是收取了少少的一點工錢。

為了對水管工的出色工作表示謝意，湯姆決定向住在費城的演講人協會的所有成員寄一封信，讓大家知道：如果需要一個水管工的話，大家應該給艾爾打電話。

看完信，我感到好奇，於是打電話給湯姆，一問之下才明白：原來水管工艾爾幫湯姆搞定漏水問題後，第二天就去拜訪他，對湯姆說：

「在非正常上班時間我幫了您的大忙，您認同了我的辛苦付出。這一點我非常感激。只是，您不知道，我們很少有新顧客，因為沒錢做廣告。我們的新顧客都是透過像您一樣的老顧客轉介紹來的。所以，您是否也能幫忙介紹一些顧客呢？您一定參加了某些團體吧？比如，您參加扶輪社了嗎？」

「沒有。」

「同濟會（Kiwanis Club）」

「沒有。」

「守望相助協會」

「沒有！」

「哦，每個人都參加了一些社團吧？」

在艾爾的「提醒」下，湯姆只能承認：「沒錯，我參加了演講人協會。」

「太好了，那它在費城有多少人會員？」

「300人。」

「太棒了，這正是我所希望的。我這裡有一件事想請您幫忙，我已經把您跟我說的評價寫了下來，以一封由您發出的信的名義，寄給這300人。您想怎麼改都行。但是以您的口氣寫。也就是說，您幫我寄信給這300個人，向他們介紹我。好不好呢？」

原來如此，所以我才打開這封信，並讀完了裡面的內容。但是，我並沒有給水管工艾爾打電話。我為什麼要給艾爾打電話呢？我根本不需要一個水管維修工。就當時來說，那根本就是無用的資訊。

真是這樣嗎？

如果故事到此為止，那它也只是一個「又臭又長的垃圾資訊」。雖然艾爾看起來人不錯，但我根本不需要他呀。

但出於謹慎起見，我還是把這封信影印了18份，分別貼在屋裡屋外的水管旁──這樣，萬一水管出事了，我就可以第一時間聯繫他。不過呢，艾爾看來也得不到什麼新生意了。

故事還在繼續。10天後，我突然收到一封來自水管工艾爾的信：

「嗨，我是水管工艾爾。您還記得我嗎？我就是您朋友信裡提起過的水管工，那個晚上我衝過去幫湯姆搞定了水管。我之所以現在跟您聯繫，是因為我們現在有一項非常有價值的免費服務，只提供給由VIP顧客轉介紹的人。這項服務就是水管安全隱患的免費檢查。這項工作對於10年或10年以上的老房子而言，非常

關鍵；幾乎每個老房子都至少有100處可怕的水管問題，隨時可能引發危險。所以，我們才要過來，以確保您居家的安全。難得的是，這是免費的。」

雖然看了這第二封信，但我還是沒有給艾爾打電話——直到一天夜裡，我聽到了以前從未注意過的漏水聲音。但我還是沒有給艾爾打電話。

於是，10天之後，我又收到了艾爾的來信：

「嗨，我是水管工艾爾。您一定記得我。我就是您朋友信裡提起過的水管工，那個晚上我衝過去幫湯姆搞定了水管。我寫信過來，是提醒您，您可以得到我們的免費水管檢查服務。因為我這幾天沒有接獲您的來電洽詢，我很關心。如果您看一看本信附帶的一篇報導影本，就會明白了。它來自一份小社區報紙，每週出版一期。其中一期的首頁裡有篇文章，說的就是一對老夫婦，他們週末外出去看孫子。他們離開家門時，發現家裡一處水管漏水。他們以為沒什麼大礙，於是就把一個小碗放在漏水下面，簡單處理了事。但是，等到週一他們回家時卻發現，已經有五間房間都成池塘了。報紙上有記錄這個場景的大照片。還有一張相片，拍的是他們的狗抓住一塊木頭求救的可憐樣。您可以仔細看看信裡的那份報導，裡面有句話說得好：『如您所見，水管上每一處小問題都隨時可能變成大災難』。」

雖然這封的內容有點嚇人；但是，我仍然無動於衷。我只是自己檢查了一下水管，看起來都沒什麼問題。

但是，10天後，我收到了來自艾爾的最後通知：「我們已經

兩次提醒您接受我們的免費檢查服務。然而您卻沒有給我們打電話。但是我們卻收到了其他聰明人的來電。如果您不在72小時之內向我們預約免費檢查的時間，我們將不得不把您的名字排到100天之後。隨信再奉上一些的水管災難的可怕案例……」

由於招架不住艾爾的連鎖信轟炸，我終於給他打了電話，預約了檢查時間。

艾爾的故事結束了嗎？

當然沒有，後面的情節更加精彩……

艾爾依約來到了我家，但他的打扮卻一點也不像水管工。他沒有穿工作服，也沒有帶工具箱。卻穿著三件式的米黃色西裝，白色的襯衫，棕色的波爾卡點紋領帶，夾著一個鱷魚皮的公事包。唯一像水管工的地方，就是上衣胸前有個口袋，上面繡著「艾爾」的字母標誌。

他走到屋子裡，打開隨身公事包，拿出一個寫字板，對我說：「甘迺迪先生，您看，這張表格，就是我即將檢查的100處隱患清單。我全部檢查完差不多要20分鐘的時間，這段時間裡，如果您沒有其他什麼事要忙的話，您方便打開錄放影機看點有價值的資料嗎？」

「可以。」我回答。

「這份錄影帶非常關鍵，您看看吧。」

我於是看起了錄影帶。這段影片資料「教育」我：當今美國存在一個巨大的健康威脅——很多人在浴缸裡摔跤、跌倒，受到嚴重的傷害，甚至摔斷髖骨。受傷者數量驚人。資料裡還講，應

該在浴缸裡加上防滑墊。只要裝上它，不但無需清潔，再也不會滑倒或摔跤，而且終生保修。

這個影片長度為19分鐘，剛播完，艾爾就站到了我旁邊。我有種感覺：「艾爾一定常做這些事。」

艾爾說：「甘迺迪先生，我有一個好消息要告訴您，您家裡沒有96個最常見的水管問題；但是，仍有4處小隱患。我今天就可以搞定它們。但我現在要去換工作服並取工具。在這段時間，您要不要再看影片呢？」

當然，我再一次接受了他的建議，又看了一捲錄影帶……

很快，艾爾就回來了，並修好了安全隱患，然後就直接問起：「我發現，您家裡有五個浴缸，一個在主臥，其它四個在別的房間裡。難得我今天在這裡，為了您家人的安全著想，您看是給一個浴缸做防滑處理，還是五個都做呢……」

我還能說什麼呢？當然欣然接受。

於是，熟練的水管工艾爾在半個鐘頭之後，就帶著389美元的「防滑墊銷售款」離開了——開著他那輛桔黃色的賓士揚長而去。

幾天後，我才逐漸想通了艾爾的整個行銷策略。為了更瞭解情況，我打電話問他：「使用這種方法，你給多少個客戶寄信了呢？」

「我給300個家庭寄了信。」

「那麼，有多少個家庭最後跟你買了防滑墊呢？」

「72個……」

大家聽明白了嗎？

這就是關於開賓士的水管工的故事……

　　這個故事之所以精彩，是因為它完美地展示了致富技術的完整過程；更讓人深為震撼的是：一個不起眼的藍領工作者，使用一套「系統化」的手段，都可以成為賓士的主人。

　　我們可以把艾爾的故事，比喻成一條「自動流水線」系統，從湯姆的週末，到300封轉介紹信，從丹‧甘迺迪拆開信件閱讀，到最後的防滑墊成交，都是一氣呵成的精彩策劃。

✱ 財富流水線

　　我們可以想一想作為一名普通的水管維修工，艾爾是如何開上「賓士」車的。

　　他利用一個「湯姆」的轉介紹信，就向300人發出了促銷信，每人發4次，共成交72筆生意，按每筆389美元計算，共計收入為：

　　389 * 72 = 28,008 （美元）

　　借一張「湯姆」的「嘴」以及一系列的促銷信，艾爾就輕鬆地賺到了二萬八千美元。相當於台幣近八十四萬的收入。

　　這就是「系統化致富技術」的威力，步步為營、環環緊扣。整個案例中的每一步，都是水管工精心設計的結果——甘迺迪大師最後的「購買」，絕不是衝動消費的產物。

　　這是一個精心佈置的「致富之局」，能破解它的人，就打開了「財富的天書」。

　　從艾爾的故事裡，我們可以品出「巨人賺錢機器」的基本架構——它是一套完整的流水線系統，從與客戶接觸到最後的成交，都是

水到渠成、自然而然的結果，我們姑且稱之為「艾爾的財富流水線」。

　　只要你領悟了這套流水線策略，那麼，你就能很容易地複製他的成功，設計一套類似的「流水線」系統，把各種產品都導入這套體系之中，從而輕鬆地打造出自己的「巨人賺錢機器」。

　　現在，讓我們細細解析水管工艾爾的行銷流程，看看他到底做了哪些與眾不同的財富流水線設計。請看下圖所示。

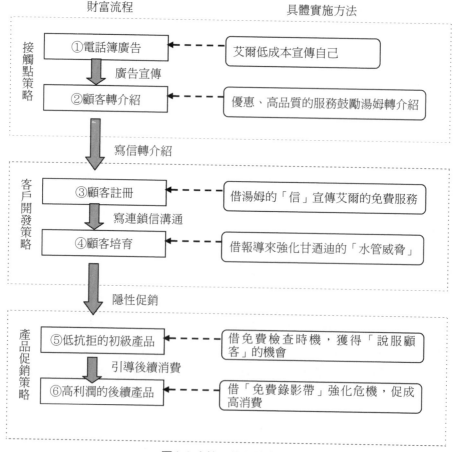

圖4-1 水管工的行銷策略

如上圖所示，我們將艾爾的「財富流水線」分解成為六步，分別歸為「接觸點」、「客戶」、「產品」三個大類。

接頭來將分別加以解讀……

② 接觸點策略——利用一切與客戶接觸的機會

艾爾最早宣傳自己的陣地，是非常簡單的工具——「分類廣告電話簿」。上面把水管維修等職業工人的聯繫方式都分門別類地列舉出來。

直覺告訴我們，美國的分類電話簿就跟國內出版的電話黃頁是差不多的，是水管維修等從業者最廉價的宣傳媒體。

艾爾就是借助這一廉價媒體找到第一代客戶的。

為什麼說是「第一代客戶」呢？因為像湯姆一樣的客戶，屬於「具有強烈消費需求的」客戶，他們的消費欲望非常強烈，就像乾柴一樣，被商家放一點「火星」都能立即點燃。

週五的晚上，湯姆正在家裡舉辦Party，但是水管突然爆了，此時的他根本沒有時間去猶豫要不要找人來維修，更不會考慮維修的費用問題——他十萬火急地去聯繫水管工，唯一想的就是「儘快解決問題」，其他的根本無心計較。

無論任何商家，無論任何價錢——只要能幫助他解決眼前的危機，就馬上成交——這就是「強烈消費需求的客戶」（或者說「饑餓客戶」）的典型特徵。

每一個行業都有這樣的客戶，這也是商家最喜歡的客戶。因為這類客戶非常容易開發，成交時毫無抗拒，是所有商家的最愛。

但可惜的是，這類客戶也是所有潛在客戶群體中人數最少的一群——幾乎僅占到所有顧客的5％左右——僅靠這5％，往往是無法「餵

飽」商家的。

所以，很多短視的商家就採取了「不宰白不宰，要宰狠狠宰」的策略——反正這類消費者也如「刀下魚肉、任人宰割」，毫無抵抗之力。

但是，艾爾不是「短視」的水管工——否則，他也開不起賓士。

本來週五的晚上，正常水管維修工是不必出勤工作的。

本來在緊急的情況下，艾爾幫湯姆解決了急迫的問題，是可以索要更多費用的。

但是，艾爾卻僅象徵性地收取一些工錢，並且沒有加收水管配件費用——這種做法完全違背了商業常識，超出了湯姆的預料。

超值的服務、優惠的收費——當然立即贏得了湯姆的感謝。

而「顧客的感謝」正是艾爾所真正「需要狠宰的物件」。

> 與其「狠宰」客戶的錢包，不如「狠宰」客戶的「舌頭」。

艾爾的確是「狠宰」了湯姆的「舌頭」。他是怎麼做的呢？

> 在非正常上班時間我幫了您的大忙，您認同了我的辛苦付出。這一點我非常感激。只是，您不知道，我們很少有新顧客，因為沒錢做廣告。我們的新顧客都是透過像您一樣的老顧客轉介紹來的。所以，您是否也能幫忙介紹一些顧客呢？
>
> ——艾爾如是說

湯姆只是一個普通人，像其他大多數消費者一樣，是不習慣主動向朋友介紹什麼商家服務的。所以當艾爾提出「轉介紹」的請求時，明顯有一些「不自然」；或者說「被動」。

仔細讀一讀以下這段「精彩」的「宰舌頭」對話，你會有很多啟

發：

「你參加扶輪社了嗎？」

「沒有。」

「同濟會。」

「沒有。」

「守望相助協會。」

「沒有。」

「哦，每個人都參加了一些社團吧？」

在艾爾的「提醒」下，湯姆只能承認：「沒錯，我參加了演講人協會。」

「太好了，在費城有多少人會員？」

「300人。」

全球知名的說服術與影響力研究權威西奧迪尼教授在《影響力》一書中，對「湯姆」一類消費者的反應，有著極為深刻的解讀：

> 即使是我們不喜歡的人，像不請自來的推銷員，令人討厭的點頭之交，或是一些稀奇古怪的組織的代理人，只要在提出要求之前送我們一個小小的人情，我們對他們的要求就失去了抵抗力。
>
> ——羅伯特・西奧迪尼（《影響力》）

這就是「說服力」體系裡極為重要的工具——「互惠策略」，或者說「先給後取的策略」。

美國研究人員發現，如果在寄給人們調查問券時也附帶寄去一些現金作為禮物（像一個銀元或五元的支票），而不是答應他們在回答問券以後再寄去同樣數目的錢作為回報，可以明顯地提高問券的回收率。更進一步的研究表明，與其在問卷調查之後寄一張56元的支票作為答謝，不如在寄問券時附上一張5元作為禮物，因為後者的效率是前者的兩倍。同樣地，飯店的侍者也知道，如果在給顧客帳單時也給他們一點糖果或薄荷口香糖，也可以明顯增加小費的數目。

美國文案大師「加里‧哈爾博特」（Gary C.Halbert）幫助菲力浦斯出版公司寫了一封促銷信，為了吸引讀者，他們在信的第一頁上，黏貼了一美分硬幣──這是該公司特別請丹佛造幣廠特製的，共生成了百萬枚這樣的硬幣，花費不匪。雖然這種做法增加了大量的印製成本，但是最終還是幫助菲力浦斯出版公司獲取了千百倍的回報。

這就是「將予取之，必先與之」的道理。

也是湯姆最後答應幫助轉介紹的重要前提。

再回到水管工的案例中來，湯姆之所以最後幫助艾爾轉介紹給300位在費城的「演講人協會」的成員，還有一很重要的因素──艾爾提供了與眾不同的高品質服務──這一點請大家務必注意。

好的服務加上低廉的收費，才是促使湯姆答應「轉介紹」的根本──畢竟，湯姆像其他顧客一樣，不可能「昧著良心」，向自己的親朋好友推薦「劣質的商家」；如果那樣做的話，將意味著湯姆個人信譽的破產，這是湯姆不可能接受的。

所以，請大家務必記住：

轉介紹公式

大量的轉介紹＝出眾的產品／服務＋商家主動的要求＋簡單實用的轉介紹工具

而艾爾正是基於自己良好的服務，才為自己贏得了「轉介紹」的承諾。

當然，轉介紹在實施時，還有一個重大的因素，是優秀商家必須考慮到的──「簡單實用的轉介紹工具」，即「300封湯姆發出的介紹信」。

信件是最廉價而高效的促銷工具，具備優秀的文案寫作能力的商家，可以透過促銷信賺取最快速的財富。

由於信件是「一個熟人」發來的，所以丹‧甘迺迪才會拆了信。

正常情況下，我們因經常收到商家寄來的促銷廣告信（就像垃圾信Email一樣），我們一看信的標題（紙質的郵件，看信封）：如果看上去像是商家寫來的，我們基本上都不會打開──就像我個人經常收到保險公司寄來的促銷DM，我只要看見那類標準的、塑膠膜的「商業信」，就直接扔掉，絕不猶豫。

丹‧甘迺迪做為美國著名的「廣告文案作家」，當然對「商業促銷信」極為敏感，更不願意受到「商業信」的打擾。

所以，如果艾爾不是要求以湯姆的名義發出這封信，那麼，丹‧甘迺迪根本就不會知道艾爾這個「水管維修工」，更不會發生後面的故事。

而丹‧甘迺迪打開信後，看到的並不是簡單的「對水管工艾爾的誇獎」；而是湯姆講述艾爾提供服務的整個過程──真實的故事。

信中對艾爾的推薦也非常簡單，就是一句話：

> **如果需要一個水管工的話，大家應該給艾爾打電話。**
>
> ——湯姆寫給300位協會成員的信

這才符合顧客推薦的「表達邏輯」。

也就是說，正常情況下，顧客向自己的朋友轉介紹時，都會不自覺地保持一定的「公正立場」，即使對商家說「好話」，也會有所保留。這也符合看信者的心理預期。

相反地，如果湯姆在信裡大力讚揚艾爾，滿篇都是「溢美之詞」；那麼，丹‧甘迺迪還會相信湯姆的「話」嗎？

這正是邀請客戶轉介紹時的大忌。

「最好的見證語」就是：真實的故事＋真實的感受＋平實的稱讚

以上所述，就是「接觸點策略」的要點。

顧名思義，「接觸點」就是指「客戶接觸企業資訊的時點」，任何能讓客戶聽到、看到、瞭解產品資訊的場合，都是「接觸點」。

比如，我們常說的「廣告媒體」、「客戶口碑」、「商家店面」。

談行銷，就一定要談到「接觸點」——因為它是比普通的「宣傳媒體」概念更加直接而深刻的解讀。

從「接觸點」的層面上來看「行銷」，將大大拓展我們的頭腦，讓我們站在客戶的視角尋找「吸引客戶」的機會。

從而更容易實現「接觸點」資源的利用與整合。

我們來看看艾爾的「接觸點策略」。如下圖所示：

圖4-2　媒體策略的基本流程圖

　　我們後文還是繼續講解「接觸點策略」的運作思路。本節僅作簡略分析。

　　湯姆僅僅看到電話簿裡的艾爾電話，就直接「成交」了；但是，丹·甘迺迪有沒有同樣「直接」地「成交」呢？

　　當然沒有，因為甘迺迪不是「饑餓客戶」。相反地，他對於「水管維護」的消息是非常冷漠的。

> **我為什麼要給艾爾打電話呢？我根本不需要一個水管維修工。這根本就是無用的資訊。**
>
> ──丹·甘迺迪如是說

　　這實際上非常符合正常消費者的反應。在消費者的需求還停留在「隱性階段」時，他們基本上不會對「商家」有什麼興趣。

　　而這部分「沒興趣」的顧客卻占據潛在顧客的90％以上。所以，聰明的商家必然要想辦法開發這部分的顧客，而艾爾正是「聰明的商家」。

　　他使用的「客戶策略」就是「連鎖促銷信」。

3 客戶開發策略──連鎖信裡的魚餌

　　甘迺迪一共收到了多少封關於艾爾的信呢？一封來自湯姆，三封直接來自艾爾。我們再來詳細瞭解一下這些信件的特色。

次序	發信人	主題	目的	輔助手段	甘迺迪反應
1	湯姆	介紹信	讓甘迺迪瞭解艾爾這個水管工	熟人介紹	「根本就是無用的資訊。」
2	艾爾	強調老房子需要安全檢查	介紹免費檢查服務		「我聽到了以前從未注意過漏水的聲音」
3	艾爾	水管隱患問題的強化信	強化免費檢查服務的意義	報紙文章	「只是自己檢查了水管」
4	艾爾	敦促時間緊迫性	第三次強化免費檢查服務	時間限制，水管災難的可怕案例	「終於給他打了電話」

表1　艾爾連鎖信的基本結構

從信中，我們可以發現，第一封信屬於「告知」性質，就是讓甘迺迪瞭解艾爾這個人。而後面三封信，卻是明顯地逐步遞進，不斷強化「免費檢查服務」的促銷工作。

艾爾先後使用了報紙文章、時間限制等手段，來「敦促」甘迺迪給他打「檢查」電話。

而甘迺迪的態度也由最初的「根本不在意」，逐漸受到影響，到第四封信時，「終於打了電話」。

為什麼甘迺迪的態度會在前後三十天左右的時間裡發生一百八十度的大轉彎呢？

我們可以從以下幾個方面來分析。

＊ 跟客戶利益密切相關

艾爾所提供的服務，叫做「水管安全隱患免費檢查」。針對的對

象為超過十年的老房子。而甘迺迪無疑就是吻合的服務物件。

同時，艾爾提供了兩份報紙文章的影印資料，都記錄了一些「水管災難」的新聞。而新聞的主角，也都是跟甘迺迪相似的老年人。

這自然會引起甘迺迪的「共鳴」。

尤其是當艾爾現場檢查時，推薦甘迺迪所看的「錄影帶」──在浴缸摔跤的驚人危機──更是引起了甘迺迪的內心緊張感。

所以，艾爾不斷使用的促銷手法，都是在強化甘迺迪的「危機感」，並放大這種「需求」。最終實現了「刺激甘迺迪購買」的目的。

✶ 集中為「免費服務」做促銷

有一點一定要注意，艾爾所促銷的，並不是「收費服務」，而是「免費服務」。這就在甘迺迪心裡首先解除了「購買」的抗拒。

因為這不是一項「交易」，所以甘迺迪更願意接受艾爾的服務。

因為這不是一項需要掏錢的事，所以，甘迺迪不會考慮更多的風險。

因為這不是一項複雜的決策，所以甘迺迪更容易做出選擇。

正是因為艾爾集中所有「筆墨」，都是在為他的「免費服務」提供「促銷」，所以才能大大降低甘迺迪的心理抗拒，從而在「需求並不強烈」的甘迺迪那裡，獲得了「上門」的機會。

而登門推銷，面對面的「說服」，才是艾爾真正的意圖。

✶ 使用多種輔助促銷工具

單獨使用文字的話，說服力是不夠的。所以艾爾使用了「報紙影本」、「72小時」、「錄影帶」這三大工具，不斷講著「可怕案

例」，於是大大強化了「說服」的效果。

這些都對甘迺迪產生了逐漸增強的影響：

- 「忽略漏水導致淹水的新聞」：強化隱患可能的危險。
- 「72小時的時間限制」：增加時間壓力。
- 「浴缸災難」：強化「危機」心理。

一般促使人們改變的動機只有兩個：

一是「追求快樂」；

二是「逃避痛苦」。

而後者的威力比前者大10倍。

所以，艾爾就綜合使用了「報導」、「限時」、「錄影帶」這三個工具，都在反覆強化甘迺迪的「害怕」、「恐懼」、「錯失」、「受難」之類的「痛苦」感覺。

其中，刺激效果最好的工具無疑就是「錄影帶」。所以，兩捲錄影帶就讓甘迺迪最終花了389美元，而艾爾也順利完成了一系列的「行銷策劃」。

這裡，所有的朋友都要認真分析艾爾所使用的促銷工具──這不是偶然的組合，一定是艾爾長期實踐摸索的成果。

而無論你是網上經營，還網下生意，最常忽略的「增收管道」，就是「多種促銷工具的組合」。

可選工具	效果強度
說明文字	★☆☆☆☆
圖片／影片	★★☆☆☆
故事案例	★★★☆☆
電話溝通	★★★★☆
現場交流	★★★★★

表2　可選的促銷工具

基本的思路就是：

- 越有現場效果的促銷工具，其成果越突出；

- 表現形式越生動立體的，成果越突出；

- 越是「來源於公正方」的資訊，成果越突出。

所以，當你為自己的生意設計促銷活動時，要儘量選擇「現場性的」、「生動的」、「協力廠商」的工具。

因此，在艾爾的促銷體系裡，新聞報導的效果比文字說明大。錄影帶的效果就遠比文字的信件大得多——當然，大家別忘記，還有一個促銷的工具：「免費服務」。

以上就是關於艾爾的「客戶開發策略」的分析。然而，這些工作的最終目的都是為了「獲利」，所以，必須有合適的「產品策略」才能建構完整的「財富流水線」。

以下，我們一起分享艾爾的「產品組合策略」。

4　產品組合策略——先給後取的智慧

甘迺迪到底「消費」了幾種產品呢？

乍讀這個案例，好像是僅支付389美元，買到了「浴缸防滑墊」。

但實際上，艾爾是成功「推銷」了兩件商品給甘迺迪：

- 隱性產品——免費檢查服務。

- 顯性產品——389美元的防滑墊。

而你認為，這兩件商品中，哪件最難「推銷」呢？在你回答之前，請務必要回想一下甘迺迪的經歷。

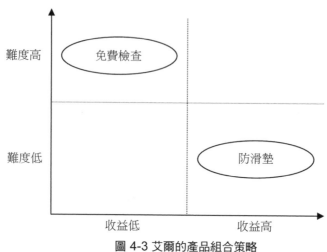

圖 4-3 艾爾的產品組合策略

　　實際上，我們只要想一下甘迺迪接受「免費檢查」的過程，與購買「防滑墊」的過程，就可以很輕易地得出結論：

> **銷售產品有如江上行船──**
> **從0到1，為逆水行舟；從1到100，是順流直下。**

　　從0到1，就是顧客由不相信到相信的過程。建立信任是所有銷售過程中最難的環節。也是最耗時、最費力、最花錢的環節。而從1到100，也僅是一個「消費慣性」的過程。

　　比如，在你買第一台日立冰箱前，你會比較眾多的商家，會去逛許多的電器商場。會判斷不同的品牌產品。可能會花費兩個月的時間來評估，才決定買日立冰箱。

　　但在使用日立冰箱一段時間之後，你發現日立冰箱不但品質穩定，而且售後服務非常體貼、細緻。所以對日立電器留下了非常良好的印象。

那麼，當你打算購買吸塵器時，也很可能會選擇日立的。因為，跟其他陌生的品牌相比，你已經在內心建立了對日立品牌的信賴。相信它的品質、相信它的服務，所以，你可能會超越價格的考慮，而直接選擇日立吸塵器——也就是說，你已經在內心裡形成了對「日立電器」的消費「慣性」。

火車起動時，要耗費最多的能源；而在持續運行中，其所需的能源卻不多。

同樣的道理，艾爾也深知，讓甘迺迪接受「389美元的防滑墊」是不太容易的。所以，必須先讓他接受一個小的「產品」——初次消費產品。

借助初次消費產品形成甘迺迪的「消費慣性」。進而再促銷更貴的產品。

那麼，如何讓甘迺迪形成「消費慣性」呢？

有以下三種策略可供選擇：

＊ 一、低價策略

儘量降低初次消費的價格，從而減輕顧客內心對價格的抗拒。價格越高，顧客越會理性思考，決策週期也越長，購買動作的執行難度也越大。

> 越是理性的人，行動力越差；
> 所以，要加快顧客的「行動」，就必須降低顧客的「消費理性」。

因此，商家要儘量在消費者的初次消費裡，降低價格，使顧客：

● 激發感性衝動；

● 縮短決策週期；

● 加快購買行動。

而最低的價格，無疑是「免費」。在某些極端的情況下，甚至商家還要倒貼錢進去（後面我們會講解「倒貼錢」的案例）。

艾爾無疑是深諳此道的老手。

所以，他才把三封促銷信的火力都集中在「免費檢查」上面──因為價格降低到「免費」時，大大縮短了顧客初次消費的週期。

還有一點，「免費服務」實際上也是「互惠策略」的變形體。

顧客接受了商家的「免費服務」內心就被植入了「欠人情債」的「扳機」。只要後面商家提出一些要求，顧客就會更容易回應──相當於是「還債」的舉動。

甘迺迪接受了艾爾的「免費檢查」，也在不知不覺之間，被「植」入了「虧欠」的「按鈕」，所以，在後面的「389美元防滑墊」裡，甘迺迪在毫無警覺的情況下，就被艾爾觸發了「還債指令」。

＊ 二、體驗策略

> 最好的說服工具，是顧客自己的體驗；
> 第二好的工具，是顧客朋友的口碑；
> 最差的工具，是商家的業務員。

人們喜歡改變，但不喜歡被改變。所以，讓顧客自己說服自己，是最好的辦法。

所以，最好的說服工具，就是顧客自己的體驗。藉由顧客自己使用過程中的認知，來感受產品的價值，並快速形成對產品的信心。

然而，「體驗」只是直接經驗獲取的途徑，往往費時費力；所以「間接體驗」──即朋友的口碑──也常常成為顧客更快做出決策的

依據。

廣告傳遞資訊；

口碑傳遞信心。

資訊讓顧客瞭解產品。

信心讓顧客購買產品。

所以，好的商家會利用「直接體驗」或「間接體驗」來快速建立起顧客的消費決策。

「成交」流程裡最核心的重點，就是「努力縮短顧客的決策周期」。所以，好的商家必須綜合利用「廣告的資訊傳遞機制」以及「口碑的信心傳遞機制」來促成交易。

艾爾則借「湯姆的口」完成了「口碑」傳遞。

借「連鎖信」完成了「資訊」傳遞。

借「免費檢查服務」，完成了「顧客的直接體驗」。

甘迺迪的「389美元」決策看上去好像僅在一個多小時的時間之內就做出了，但實際上，那只是「直接體驗」的時間。前面的四封信才是「搭橋鋪路」的「基礎工程」。

✦ 三、跟進策略

每個消費者都是有「惰性」的，「消費慣性」如果不經常鞏固，就會逐漸「停滯」。所以，要在消費者有個初步的「是」的承諾後，及時跟進，強化「慣性」的力度，最後才會為商家帶來「後續的高利潤產品」的銷售。

艾爾的方法就是「持續放映錄影帶」。

水管維修跟「浴缸防滑」有什麼關係呢？

基本沒什麼關聯。所以，甘迺迪不會立即聯想到「錄影帶」居然是「促銷工具」。反而以為是「有價值的教育錄影帶」。

因此，甘迺迪心裡並沒有形成「抗拒」。欣然觀看了這段「驚人的錄影帶」。

艾爾真的很聰明，他很清楚，直接說服甘迺迪去購買「389美元的防滑墊」基本是「沒戲」的。因為人人都不喜歡被「推銷」，人人都怕被「推銷員」騷擾。

別說「當面推銷」，就是「面談」的機會也很難爭取到。

但是，甘迺迪卻被「錄影帶」這個「偽裝過的推銷員」從頭到尾的「說服、教育」了二十分鐘。

然後，在艾爾出去取工具時（當然是艾爾事前安排好的環節），又接著教育了幾十分鐘。

因此，兩個錄影帶就把甘迺迪的「消費慣性」不斷強化。把「消費意識」逐漸地灌輸到了腦海裡。

所謂「趁熱打鐵」，在艾爾手中，就是「趁顧客有消費慣性時來賣防滑墊」。如果艾爾不是「免費檢查」的當天賣，而是過幾天再回來，你認為他成交的機率會有多高呢？

正是因為有了以上的「低價」、「體驗」、「跟進」三種技巧的結合，才成功地把甘迺迪由「不瞭解」、「不需要」、「不相信」的潛在顧客變成了「立即成交」的顧客。

甚至，我們可以說，當甘迺迪打電話給艾爾「預約檢查」時，雙方就已經成交了。甘迺迪就已經成為了艾爾的顧客。

而後面的「389美元」的交易，只不過是「老顧客的重複購買」罷了。

因此，請大家一定要記住：

> 最快獲取利潤的方法，就是降低潛在顧客成為新顧客的門檻；儘快幫助顧客完成第一次消費體驗。

以上，我們講解了「水管工艾爾」的行銷模式，從「接觸點策略」、「客戶策略」、「產品策略」三個方面分析了艾爾的成功之道。

那麼，這些案例中可以給我們什麼樣的啟示呢？

艾爾的財富流水線，對於建構我們的「巨人賺錢機器」又有什麼樣的意義呢……

5　由「小老闆」走向「企業家」

艾爾雖然只是一個水管維修工，但是，由於他對於前端「客戶」的開發，以及對於後端「高價產品」的促銷，使得他的財富規模遠遠超過了普通的維修工同業。

我們可以把艾爾的財富流水線體系裡的「接觸點策略」、「客戶策略」、「產品策略」與「魚池致富術」結合起來，從更高的層面上來解讀並優化他的模式。

＊ 艾爾的財富體系

「魚池致富術」體系裡的核心資產，就是客戶資料庫。

作為一個水管維修工，艾爾同樣也有自己的客戶資料庫。以其為核心，我們可以……

- 把「接觸點策略」看作是「進入資料庫的新客戶的源頭」；
- 把「客戶開發策略」看作是「從客戶資料庫中提現的過程」；
- 把「產品組合策略」看作是「貫穿整個體系的執行工具」。

所以，我們可以把這三個方面的內容組織成以下的圖示：

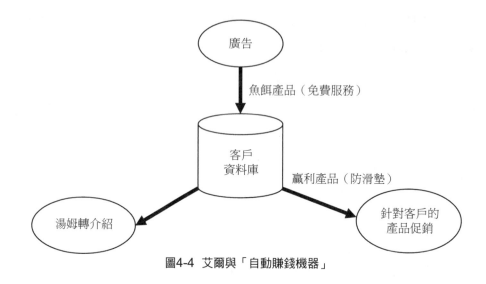

圖4-4 艾爾與「自動賺錢機器」

上圖所示的架構，就已經初步具有「巨人賺錢機器」的輪廓了。

只是，他雖然已經是「水管工裡的智者」，但還沒有將自己的生意「系統化」、「自動化」。

換句話說，他還算不上一個「企業家」——至多也只是一個聰明的生意人。所以，我們不能停留在他的「小聰明」上。

記住：

無論你現在從事的生意有多麼小、多麼不起眼；你都可以把它按照模組化的「企業體系」進行重新建構，從而將其變成「巨人賺錢機器」。

現在，就讓我們以「艾爾」的案例為「熱身」的對象，為艾爾進行了一次「財富升級」，為他重新設計自己的「巨人賺錢機器」。

＊「接觸點策略」的系統化改造

艾爾開發新客戶是不太容易的。

正如他自己所言：「我們很少有新顧客，因為沒錢做廣告。」所以，他的新客戶都要靠老顧客轉介紹。

因此，他才極力鼓動湯姆貢獻他自己的社團人脈。於是，湯姆在艾爾的「軟磨硬泡」之下，才「半推半就」地為300個演講人協會成員寫信。

這種「推式」的轉介紹方法，雖然一次為艾爾帶來300個顧客線索，但是，這裡面存在著幾點不足：

1. 無法持續擴展

湯姆很可能還有更多的人脈，但是，他此次幫助艾爾，相當於「還完了一個人情」。

後面艾爾想繼續讓湯姆推薦，就沒那麼容易了。湯姆從心裡上甚至還會產生反感。

所以，艾爾的「軟磨硬泡」式轉介紹來開發新顧客的方法，往往是「一錘子買賣」，無法持續擴展。

2. 帶有偶然因素

艾爾碰上擁有「演講人協會資格」的湯姆，是一種「偶然」機緣。

實際上，我們可以想得到，艾爾的客戶裡，有80％以上都是普通的市民，不會有太多、太廣泛的人脈基礎。

艾爾僅靠這樣的「偶然釣大魚」方法來擴展新顧客，是無法有穩定、持續發展的，不是「企業家」應有的思維。

所以，我們要對艾爾的「開發新客戶」的模式進行改造；調整的

方向就是「系統化」、「穩健化」、「自動化」。

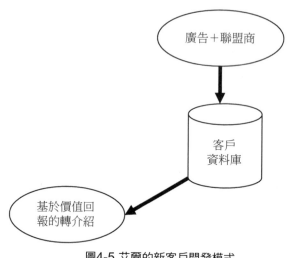

圖4-5 艾爾的新客戶開發模式

首先，艾爾獲得新顧客的方法，最初是靠「電話簿」的。但是，這種宣傳媒體的有效性比較差，所以，他要尋找更有效的「目標魚池」──聯盟商家。

比如，五金用品商店、雜貨店、房屋仲介公司……其顧客都可以共用，都是艾爾可以聯盟的物件。

艾爾只需要把他的「魚餌產品」（「免費檢查房屋水管隱患」）拿來與這些異業商家共用即可，此之謂「魚池滲透」，在《網路印鈔術》一書中有詳細介紹。

其次，艾爾原來的「轉介紹」模式，是完全靠「機遇」的。如果湯姆那天不是那麼「緊急事件」，如果艾爾不是「低廉的收費」，如果湯姆沒「參加演講人協會」……這裡面只要有一個因素失效，丹·甘迺迪都不會出現在艾爾的名單上。

　　所以，要重新設計艾爾的「轉介紹」模式。

　　在「魚池致富術」裡，我介紹了一種全新的「轉介紹」模式——「人際嵌入」。其核心思想就是：

人際嵌入

　　將「轉介紹」的過程，嵌入到顧客的人際交往活動之中，不要「利用」顧客的人脈，而是「加強」他們自身已有的「人脈」。

　　而艾爾原來的模式，不是基於「加強」，而是基於「利用」的。所以，湯姆在艾爾的「軟磨硬泡」之下，才說出了自己的人脈資源。

　　這種轉介紹是很低效的，更加無法系統化、自動化——我相信，這也是很多商家在頭痛的問題。

　　解決的思路，就是代之以「基於價值回報的轉介紹」。

　　人們之所以願意主動幫助你轉介紹，一定是有「目的性」的，主要有三種：

- 為了佣金等經濟利益；
- 為了加強自己的人際關係；
- 為了幫助親朋好友好友解決問題。

　　如果他是為了「經濟利益」，那就有點類似於我們前面所說的「推廣者、加盟商」；如果是為了「加強人際」及「幫助親朋好友好友」，那麼就構成了「人際嵌入」的驅動力。

　　在艾爾對於湯姆的「鼓動」過程裡，很明顯，「經濟利益」是不太可行的。

　　但是，基於後兩類情況的「轉介紹」是很可能的。

　　比如，艾爾可以跟湯姆說：

「由於你是我的老顧客，為表示謝意。我這裡有一項免費的水管安全隱患檢查服務，你可以推薦給自己的熟人，以幫助他們避免水管問題造成的巨大損失……」

這種說法也許不會誘使湯姆聯絡300名協會成員，但是，可以吸引湯姆主動跟自己的親朋好友聯繫，推薦艾爾的服務。

更重要的是，這種「人際嵌入式轉介紹」可以在每個現有的顧客身上應用，從而更具普遍性及可複製性，從而避免了「偶遇式轉介紹」的瓶頸。

這就是「財富體系」設計裡面，一個非常重要的思維：

設計你的巨人賺錢機器之中，在追求巧妙與快速的同時，更要追求穩健與可複製性。

當我跟學員們講艾爾這個案例時，很少有人想到艾爾模式的這個缺陷──無法持續複製──而這恰恰是經營者最需要克服的難題。

艾爾的成功，是有限制的。因為，他無法建構起基於系統化的商業運作體系，延續這種經營模式，他最多能成為一個小老闆，卻無法成為一個企業家。

企業家要具備對於「商業模式」的深刻洞察力：

商業模式優化的標準就是：1.簡單；2.可複製

針對艾爾的業務進行優化，首要的就是解決「轉介紹」的問題。無論是「經濟利益」，還是「加強人際」與「幫助親朋好友」，我們都可以概括為「基於價值回報的轉介紹」。

只要建立起標準化的「價值回報」機制，艾爾現有的客戶會自然而然地，幫他帶來更多的客戶，而且是持續不斷的。

使用「免費服務」及「轉介紹」的機制，可以保證艾爾獲得源源不斷的新客戶，「客戶資料庫」可以持續擴張。

但是，艾爾從「魚池」裡「提現」的方法，卻是可以繼續改進的……

＊「客戶開發策略」的「推」式改造

艾爾獲得丹・甘迺迪的聯繫方式之後，採取了發系列信的方式來「敦促」甘迺迪預定「免費檢查服務」。

前後共發三封信，耗時近一個月。基本的模式，我們繪成下圖：

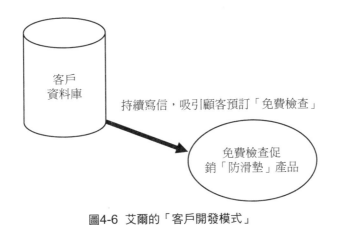

客戶
資料庫

持續寫信，吸引顧客預訂「免費檢查」

免費檢查促
銷「防滑墊」產品

圖4-6　艾爾的「客戶開發模式」

這一個月時間，就是「信任培訓」以及「需求強化」的過程。

總體來講，這種持續促銷是有效的。

但問題是：為什麼要耗時一個月？有沒有辦法壓縮所耗時間？

在「魚池致富術」裡我們學過，整個「顧客欲望週期」模型裡，最困難也最耗時的環節，就是「信任培育」期。

想縮短成交週期，就必須大力壓縮「信任培育」期——而最直接

有效的方法，就是改善「溝通」的手段。

丹・甘迺迪對於艾爾所提供的「免費檢查服務」，一開始是不太在意的。到了後面，才逐漸產生了「危機感」。

為什麼呢？

因為，溝通過程之中，艾爾都是採取「寄信」的方式──這種溝通手段是「單向」而「緩慢」的。

相反，假如一開始艾爾就雇用一個電話專員，採取「電話採訪」的方式跟甘迺迪溝通，我相信艾爾根本無需「一個月」的等待。

甚至於，如果艾爾雇請一個人，直接上門溝通，見效會更快！

讓我們從另一個美國銷售員身上尋找啟發……

布蘭達的淨水機銷售妙計

布蘭達只是美國千百萬名行政女秘書之中的一員。39歲的她早已厭倦做了十多年的秘書工作，她主動申請，由公司的行政部門，轉職到了一線銷售員崗位──銷售公司生產的一款家庭用的淨水機設備。

這種淨水機設備品質優異，但價格不斐。一般美國家庭還無法接受售價高達800美元的淨水機。

所以，在布蘭達剛開始從事銷售的三個月內，一台淨水機也沒有賣出去。這讓她的同事以及她的家人都感覺：她不適合做銷售。

　　但布蘭達沒有放棄。她反覆分析顧客拒絕的原因，思考可能的解決之道。後來，她想出了一種有效的推銷方法——「免費水質檢測服務」。

　　這實行起來很簡單。她開著車，把空水瓶放到顧客家門口，在上面貼上說明：每個家庭的飲用水都含有不同成分的有害物質，我們公司願意幫助您免費檢測。請您把家中的飲用水裝入此瓶之中，晚上我們會來回收，第二天就告訴您結果……

　　很多家庭於是主動把飲用水倒入瓶中，再放回門口。由布蘭達晚上收走。第二天再把檢查結果電話通知給顧客。

　　幾乎每個家庭的飲用水都是有問題的。所以，布蘭達打鐵趁熱，在第三天就開始電話回訪、促銷淨水機產品；20%接受免費檢查服務的顧客在第四天、第五天就會開始購買。

　　於是，布蘭達輕而易舉地在第四個月裡獲得了突飛猛進的業績成長，成為公司的銷售冠軍……

　　布蘭達可以給我們什麼啟示呢？

　　同樣是「免費檢查服務」，為什麼布蘭達的成交就比艾爾要更快呢？

　　請注意他們提供「免費檢查服務」的不同方式。

- 艾爾：「系列信」→「客戶電話預約」→「上門檢查」→「錄影帶促銷」。
- 布蘭達：「放置空瓶」→「回收待測瓶」→「電話回饋並促銷」

　　布蘭達只需要三個步驟，她省略了「系列信敦促客戶預約上門服務」的過程——而這正是艾爾最耗時間的步驟。

　　你可能會說：艾爾也不知道甘迺迪的電話呀？他想主動打電話也沒有辦法呀？

　　錯了！

　　我想說的，不是「艾爾應該給甘迺迪打電話」的問題。我想強調的是，布蘭達的「空瓶子」與艾爾的「系列信」背後的不同思維。

　　布蘭達是沒有理會顧客是否願意接受「免費檢查服務」的，她直接把空瓶子放到了顧客的家門口。所以，第二天就可以開始回饋並促銷。

　　艾爾是在等待甘迺迪來「預定」他的「免費檢查服務」的，所以，他一直等了一個月。

　　兩者的區別可以概括為：

- 布蘭達是基於「推」式促銷的；
- 艾爾是基於「拉」式促銷的。

　　顧客大多是消極而被動的，即使他們明明需要某個產品、某種服務，但是，他們也往往會等到「火燒眉毛」時才付諸行動。

　　甘迺迪家的老房子已經超過十年，當然屬於需要接受安全檢查的物件。但是，甘迺迪的態度呢？

　　從最開始的不在意，到後面的重視——他是一點一點地開始轉變的。

　　「水質檢查」也是同樣道理。

　　如果布蘭達像艾爾一樣慢慢地寄信，等著顧客打電話來「預約」，還不知道要等到何時。所以，她沒有等待顧客的「召喚」，而是直接把「免費服務」送到他們家門口。

　　也就是說，艾爾希望「透過信件影響，吸引甘迺迪來接受免費服務」——就是「拉」的思想。希望把顧客「拉」到自己身邊。

　　而布蘭達根本就不等待「顧客的行動」，她直接「推動」顧客來接受免費服務。

　　因此，布蘭達的成交速度，要大大快於艾爾。

　　如果艾爾也學習布蘭達的策略，直接上門，把免費檢查服務的日程表及專案表貼到甘迺迪的家門口，那麼，我們相信甘迺迪就不會等待三十天才下定決心了。

　　所以，在促使顧客成交方面，「推」式工作，要比「拉」式工作更快見效。

　　這也就是艾爾的「客戶策略」裡最應改進的地方。

　　我們可以把其表示成為下圖：

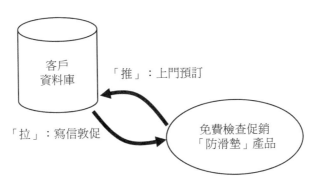

圖4-7　艾爾「推拉結合」的客戶開發模式

　　如上圖所示，艾爾只要在溝通體系裡，增加一種「推動」工作即可。其成交率以及成交週期，都將明顯改善。

　　更重要的是，這些工作都可以標準化、流程化，從而實現系統化、自動化——說明艾爾由「小老闆」，走向「企業家」。

以上，我們分析了艾爾「財富體系」的弊端，以及改進的方向。從中，我希望你充分地認識到：

> 絕大多數提供產品及服務的專案，都可以進行「系統化」、「自動化」改造，只要你遵循了正確的思維模式及架構。

而「巨人賺錢機器」模式，是適用於大多數產品及服務的。

它可以幫助一些看起來很不起眼，甚至是無利可圖的生意，變成不可思議的致富體系。

結合我們前面的知識，尤其是從艾爾案例中所獲得的啟示；我們現在把「巨人賺錢機器」模式進行一次更加全面的整理。

✳ 巨人賺錢機器的全面整理

請看下圖：

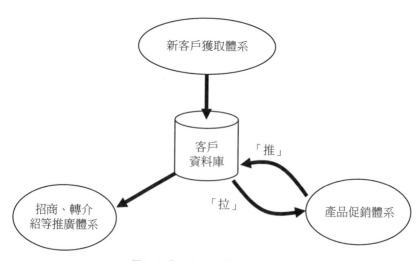

圖4-8 「自動賺錢機器」框架圖

看懂了上圖，你就讀懂了本書。

- **新客戶獲取體系**：借力媒體、異業商家等「目標魚池」，來釋放「魚餌產品」，從而吸引潛在客戶進入自己的資料庫。
- **招商及轉介紹體系**：從「自有魚池」裡，吸收成員來進入「加盟商行列」，促使他們為「經濟利益」來幫助推廣與宣傳；或者，利用「人際嵌入」技術，促使現在客戶為「加強人際」、「幫助親朋好友」的動機，來傳播產品資訊。
- **產品促銷體系**：結合「推」（主動上門）與「拉」（吸引顧客索取）二力，由「魚餌產品」的體驗開始，引出「贏利產品」的消費，實現企業的收益。

在開始經營你自己的任何生意之前，我都建議你為自己也畫一張這樣的框架圖。只要你設計好「新客戶獲取體系」（也就是前面的「接觸點策略」）、「招商及轉介紹體系」、「產品促銷體系」，那麼，你就可以縮短自己的致富摸索期，大大加快財富累積的速度。

更重要的是，你會越做越輕鬆——因為，你的使命就是搭建起這樣的體系，然後分別優化每一個環節，直到全面實現「自動化」。

我建議你把艾爾的案例重讀一遍，然後繪製出艾爾的「賺錢機器框架圖」。你繪製的過程，就是加深理解的過程。

如果一個小小的水管工都可以打造自動化的賺錢機器，你又何必擔心自己做不到呢？

這本書就是為了幫助你理解「財富」的奧祕——它並不神奇，只是多個模組的組合過程。

所以，為了加深你對於「各個模組」的理解，我們從下一章起，將開始更加深入地探討每個部分。

接下來，就讓我們進入更加奇妙的財富世界……

Internet Marketing

chapter 5　巨人廣告策略──
百分百病毒行銷術

　　在網際網路上實踐的多年經歷，讓我領悟了一個道理：最簡單的，就是最有效的。

　　如果你讀過一些網站流量技巧、行銷理念的書，為其精彩的策劃所喝彩時，請你要清醒一點：

　　大道至簡，精通一種行銷技巧，即可吃遍天下！

　　不必貪多求全，只要可以熟練應用一種技巧，就足夠你創造百萬財富了。

　　那麼，到底哪種技巧最適合網路行銷呢？

　　到底哪種技巧門檻低，便於即學即用呢？

　　到底哪種技巧可以快速建構龐大的客戶資料庫，並打造自己的巨人賺錢機器呢？

　　我們試過很多種方法，從可行性及效果來看，有一種方法最適合普通致富者──無論你從事何種項目，都可以應用這套模式。

　　在這一章裡，我就將跟你分享這種神奇的自動化行銷技術──百分百病毒行銷術……

1　RE/MAX的成長傳奇

　　在1970年代的早期，那時的北美房地產仲介市場的運營模式，基

本都是基於「銷售代理與經紀公司佣金分享」的模式。

　　房地產銷售代理自由經紀人為了獲得辦公環境及相關的支援服務，不得不拿出一半的佣金收入給這些經紀公司。

　　這些經紀公司統籌控制了廣告預算，從而限制了對於個體銷售代理者的宣傳。所以，這些銷售代理經紀人不得不服從於經紀公司的佣金分配標準，根本無法為維護個人的利益與其談判。

　　此外，此類傳統的經紀公司可以提供有吸引力的辦公設施、在職培訓及轉介紹服務——而這些支援性的配套服務都是非常有價值的。普通的銷售代理經紀人通過「佣金分享」模式為這些服務付費，也是合理的。

　　但是，銷售代理經紀人工作得越努力，其支付出去的佣金就越多。因而，就更沒辦法對自身進行廣告宣傳，以及與賣家進行佣金談判的「自由」。

　　而優秀的房地產銷售代理經紀人厭倦了這種佣金制度，他們希望開創自己的公司，完全掌握自己的命運。

　　但是他們一旦自己創業，就不得不面臨其他經紀公司所遇到的同樣的問題。

　　1970年代，作為一個年輕的銷售員，戴夫・利寧格在房地產領域看到了傳統模式的缺陷。同時，他也看到了巨大的潛力。

　　大多數房地產公司在「50％佣金制」的模式下營運，壓抑了許多房地產經紀人的積極性，也阻礙了房地產經紀公司的成長潛力。

　　與此同時，另一種替代性的佣金分配模式——「100％佣金模式」——也正在房地產經紀這一行緩緩發展起來。

　　在這種「100％佣金」模式下，房地產銷售代理經紀可以保留所有的佣金，即100％佣金都歸自己所有。而每個月僅需向所在的經紀公司

支付一定的辦公費用。

　　但是，這類「經紀公司」卻沒有實質性的支援專案及服務，也沒有品牌支持。房地產銷售經紀人僅為辦公場地及電話費用付錢，其餘的都要靠自己。

　　在加拿大，這種模式於卡爾加里在1940年代出現，由六個合夥人最早創辦此類「100％佣金的經紀公司」。隨後，此類公司大量湧現，但卻很少有獲得成功的先例。

> 　　我曾經在傳統的佣金分配及100％佣金制模式下工作過，我喜歡傳統經紀公司的專業支援服務，也喜歡100％佣金制公司的自由及支付結構。我喜歡房地產，卻不喜歡現有的運作模式，因而我決定開創自己的、與眾不同的事業。
>
> ——戴夫‧利寧格

　　利寧格相信，只要採取不同的方法，他就能建構這個世界上最偉大的房地產公司。

　　一同創業初始，利寧格夫婦就意識到，房地產銷售經紀（房仲員）就是房地產事業成功的關鍵。作為事業的夥伴，房仲員必須為消費者提供高品質的服務。

　　因為是銷售夥伴，而不是消費者，才是房地產經紀公司最直接的顧客和最偉大的資產。

　　對任何初創的房地產經紀公司來說，如何吸引並留住頂尖的房地產仲介精英，創造高度專業的工作環境，才是最主要的挑戰。

　　而為了留住這些精英，經紀公司就必須抽取一部分佣金。否則就無法因應管理費用的開銷——而這形成了一個兩難的問題。

　　在加拿大早期的100％佣金辦公室的夥伴結構，為利潤分配問題提

供了一種解決方案。

　　醫生、律師及其他的專業人士們，為了大大地降低開銷，他們和其他的專業人士建立了一種合夥關係，共同分擔日常的管理費用。

　　房地產事業的從業者也可以仿效。為了負擔每月的辦公支出和管理費用。他們可以保留最高比率的佣金收益。有時是100％佣金都保留，有時是95％——目的是彌補個人的開銷，包括個人廣告、名片等。

　　在這種模式下，一個房地產銷售仲介員的成功，只受限於他的能力、決心和努力程度。而不會受限於傳統的仲介經紀公司的佣金模式。

　　於是，利寧格把傳統的房地產經紀行業的佣金制度重新設計；他為公司的房仲員們提供了100％的佣金。

　　同時，他也提供全部的廣告宣傳、品牌包裝、客戶開發、行政管理和遠端學習等支持，以幫助那些經紀人成為行業的頂尖精英。

　　在扶持這些人的同時，他也構築起「參與者共贏」的成長範式。

　　我們明白，越是優秀的房地產經紀人，越渴望高比例的佣金模式。但是，他們也需要傳統模式下的支援及服務。因而，結合這兩種模式的優點。我們希望能招募並留住最優秀的經紀人。

　　我們目標客戶是20％最頂尖的銷售夥伴，他們完成了80％的交易。擁有了這些專業的、全職的銷售夥伴——他們無需仲介公司提供基本的培訓。

　　因而仲介公司將擁有穩定的每月收入來彌補管理費用，並收穫利潤。我們稱這套模式為「RE/MAX」，是「房地產最高績效」的首字母縮寫。

　　　　　　　　　　　　　　　　　　　　　　——戴夫·利寧格

　　利寧格「每人皆贏」的原則，為經紀人們描繪了一幅有吸引力的遠景。

　　RE/MAX的客戶不僅是房屋市場上的買賣人，也有展現RE/MAX品牌的房地產經紀人。這意味著，RE/MAX事實上從事的是「房地產經紀人開發事業」。

　　全新的理念為整個房地產行業帶來巨大的震撼，RE/MAX用自己的飛速發展證明了這種模式的價值。1973年RE/MAX正式成立。到了1974年年底，已經擁有了42個銷售夥伴。1977年，銷售出了第一份地區加盟權；在1978年，RE/MAX達到了1000名銷售代表的「事業里程碑」。

　　同年，為了推廣「最高佣金」的理念，RE/MAX在阿爾伯克爾基的國際熱氣球節上，首次了展示了自己與眾不同的魅力——象徵著「**自由、獨立、專業化**」的紅、白、藍三色熱氣球飄揚在天空之中，上面書寫著「超越平凡」的公司標誌。八十五個熱氣球構成了當時最大的參賽隊伍。聲勢如虹，氣貫整個北美地區。

RE/MAX的成功除了有「100％佣金模式」的魅力外，高品質的支援服務體系也是功不可沒。

在三十餘年的發展中，RE/MAX逐漸形成了轉介紹、交流研討、品牌宣傳以及高級培訓等多種項目，以協助培養一批又一批的區域總監、加盟店老闆、銷售仲介精英們，扶持他們不斷成長與進步。共同傳承著「獨立、最高佣金、專業性」的理念。

在RE/MAX發展十年之後，他們已經擁有了3000名銷售仲介，400所分支機搆，廣泛分佈在美國及加拿大地區。

在第二個十年，公司規模又壯大了十倍，達到32,000名銷售仲介，有近2000所分支機搆。而到了1996年，更是增加到擁有近45,000名銷售仲介，有3000所分支機搆。

> 我們1987年就已經成為加拿大住宅市場的第一名，以及美國房地產公司行列中的領頭羊。我們的分支機搆開遍了加勒比海、墨西哥、南非、以色列、德國、西班牙、義大利、希臘、澳大利亞、土耳其和英國……
>
> ——戴夫・利寧格

RE/MAX的成功自有其過人之處，利寧格夫婦的創舉究竟有何奧妙之處？我們可以從中學到什麼？

我們該如何借鑒其與眾不同的理念來擴張自己的財富版圖？

2 RE/MAX的經營模式解密

RE/MAX於1973年成立，僅用十四年時間就成為加拿大的房地產經紀行業的第一；其飛速發展的背後，必定有高人一等的經營祕密。

請看下圖，這是關於RE/MAX的經營模式簡圖（如下頁圖）。

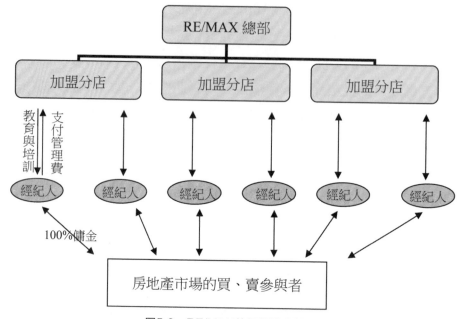

圖5-3　RE/MAX的經營模式簡圖

　　從組織層次來看，RE/MAX採取了加盟連鎖的模式，以便於低成本的廣泛擴張。

　　在加盟店裡，有眾多的「銷售夥伴」——即房產仲介交易的經紀人（或稱銷售代理人、房地產自由經紀人）。

　　這些經紀人負責撮合房地產市場的買賣雙方。並獲得100％的佣金收入。與此同時，要向所「租用」的RE/MAX的辦公空間付費。

　　RE/MAX的經營模式，最與眾不同的地方在於，圍繞「100％佣金制」所建構起的一套完善的吸引人、留住人、開發人的機制。

＊ 用人的三大策略

　　常聽企業家們提到「留住人才」的三條要素：

待遇留人、事業留人、感情留人

　　　　　　　　　　　　　　　　　　——留人三要素

顧名思義，這三要素的潛臺詞就是說：

- **待遇留人**：給員工有吸引力的薪水及報酬，建立與業績掛鉤的經濟獎勵機制，從經濟利益上留住人才。
- **事業留人**：給員工有前景的事業發展空間，為員工打造逐步上升的事業發展通道。
- **感情留人**：給員工和諧、融洽的人際氛圍，關注員工的內心情感需求，促進員工與企業形成牢固的情感樞紐。

RE/MAX的理念也反應了這三個方面的用人思維，而且從人性出發，都發揮到了極致。

我們始終如一的理念是「獨立、最高佣金、專業性」。

　　　　　　　　　　　　　　　　　　——戴夫・利寧格

3 100％佣金制的超凡魅力

　　如果，你是某家公司的銷售代理，銷售佣金是你的主要收入來源，那麼，從經濟利益角度來考量，如何激發你的最大工作熱情呢？

　　無論我們再怎樣強化「精神激勵」的重要性，直接的金錢回饋，永遠都是最重要的激勵因素之一！

　　尤其是對於那些銷售導向的商業型企業來說，激發銷售業代們快速創造業績的最簡單、高效的方法，就是「提高佣金比例」。

「佣金」就是生產力。

✳ 佣金就是生產力

那些站在服飾店裡，等待顧客上門的銷售員，她們的銷售佣金是多少呢？

我問過一個女孩子，她說：每賣出1250元的服裝，可以賺取25元佣金。比例約為2%。

走到別人家裡，主動向客戶銷售保險的業務員，他們的佣金是多少呢？

我的朋友說，一般的壽險業務員首次保費能拿到40%的佣金。

同樣是「銷售性的工作」，為什麼會有這麼大的差距？

拋開產品之間的差別，常識告訴我們：

佣金就是對「攻克銷售困難」的獎勵。

換句話說，銷售的困難度越大，所得的佣金越多，佣金的比例越高。

等著顧客上門，向有購買意向的人銷售價值幾百、幾千元的服裝；與主動登門拜訪，向心存疑慮的客戶銷售價值幾萬元的「保險合約」，這兩種「銷售」，其困難度當然是天壤之別。

所以，「佣金」當然應該是對銷售員解除顧客抗拒、獲取大額銷售訂單的獎勵。也是對個人銷售技巧與人脈資源累積的肯定。

因此，這種「困難度決定佣金比例」的慣性思維就這樣形成了：

因為銷售比較困難；所以需要提高佣金比例來獎勵；

因為佣金比例較高，所以對銷售人員的激勵比較大；

因為銷售人員受到較高激勵，所以願意付出更多的努力；

因為銷售人員更加努力，所以企業的業績就會更加突出。

從事房地產仲介的業務們，其工作的困難度，可想而知。利寧格夫婦最早從事房地產經紀人的時候，對此深有感觸。

看上去，他們所設計的「100％佣金模式」是對原來的50％佣金制度的改進，並結合適當的培訓等支援服務。但實際上，RE/MAX的模式，本身是基於對「銷售人員（業務）的精神動力的」深刻理解。

同樣的「100％佣金模式」，讓我們再來看另一個驚人案例……

4 18個月狂飆650倍的商業奇蹟

在具體介紹這種行銷技術之前，讓我們先來瞭解世界行銷之神──傑・亞伯拉罕──在上個世紀八〇年代初創造的一個商業奇蹟……

1 Min Focus

18個月的狂飆650倍的商業奇蹟

「冰熱」是一家銷售止痛藥劑的公司，他們的產品主要治療一些常見的外傷並止痛；類似於貼布類的常用醫療品。

由於經營不善，當傑・亞伯拉罕接手這家公司的時候，公司已經瀕臨破產邊緣，幾乎停止了一切業務。

亞伯拉罕並沒有打算借用外部的投資來挽救「冰熱」，他希望利用公司自身的資源實現「自救」。

在他思考如何挽救「冰熱」時，他注意到，公司持續收到來自男女老少的信件，異口同聲地說：「他們長年購買『冰熱』的產品，期盼『冰熱』能繼續銷售其產品；因為『冰熱』止痛膏是

他們確保手腳正常活動、減緩疼痛的唯一選擇。」

這些信件給了亞伯拉罕極大的信心。他知道自己選擇了一家非常有潛力的公司——他們不缺好的產品，只是沒有合適的行銷策略。

「我們當時沒有多少資產！」傑・亞伯拉罕說：「但是，我們擁有一套行銷理念：不為宣傳付費，只為『結果』掏錢！」

「冰熱止痛膏」每張貼布售價3美元。亞伯拉罕發動大量的媒體，包括一千多家廣播電臺、電視臺和雜誌。發動分類廣告，郵購訂購公司，以及各種非傳統的宣傳管道。

他跟這些媒體說：把「冰熱」止痛膏銷售給你自己的客戶吧，因為——

1. 「冰熱」不是你現有產品的競爭品；它只會增加你現有產品的價值；

2. 「冰熱」每張3美元，如果經由你的手銷售出去的話，你可以獲得100％的佣金，也就是說你可以保留這3美元在自己手中；而無需負擔任何成本。

亞伯拉罕並不要求這些銷售者負擔任何生產成本及配送成本，只要求他們一件事：把「冰熱止痛膏」購買者的姓名及地址寄回來。以便購買者可以即時獲得止痛膏產品，並得到完整的售後服務。

注意，為什麼亞伯拉罕要這樣做呢？

因為，亞伯拉罕從過去的資料分析中發現了顧客的「終身價

值」。具體來說，每兩個顧客中，就會有一個人持續購買，基本上會在一年之內買10次，從而為公司貢獻25美元的淨利。而售價為3美元的止痛膏，其實際生產成本加物流成本，只有45美分。

每當公司寄送產品出去時，都會送一些其他產品的優惠折扣券。公司每送出100張優惠券，不僅會收穫50張訂單，還會有20張訂單是採購其他產品的。因此，表面上，公司損失了很多的「45美分」現金；但實際上，除了第一次銷售外，公司在後續的銷售上獲利頗豐。

亞伯拉罕說：「我們從來不做廣告預算，我們實際上擁有無限的預算——因為，我們只為銷售成果付費，而不為宣傳付費。」

換句話說，就是「3美元就是我們的廣告費用」。

如果這種「3美元全保留」的銷售模式出現業績下滑時，公司甚至是要付出3.45美元的實際成本，以支援「3美元止痛膏」的產品銷售。

每個同行都認為他們瘋了，但是，他們卻把原本業績僅為2萬美元的小公司，發展成為1300萬美元的企業，而且只花了18個月的時間。

最終，該公司以幾千萬美元的價格賣給了J.D.Searle——美國製藥領域的龍頭企業……

「冰熱」案例是傑‧亞伯拉罕最經典的行銷案例之一。雖然已經經過了二十餘年，但仍有諸多值得我們借鑒之處。

尤其是其中運作的「100%佣金制」，算得上是一種魔術般的行銷技術。

正是借助這種策略，亞伯拉罕把一家業績僅為2萬美元、瀕臨破產的企業，變成營業額為1300萬美元的中型企業，而沒有花任何廣告費。整個過程僅僅用了18個月。

18個月，也就是才540天，它賺到了1300萬美元，相當於每天賺到了24000美元。僅靠一個簡單的行銷智慧，就可以在不增加一分錢投資的情況下，每天賺取24000美元。

真的有點讓人感覺不可思議。

以下，就讓我們全面解剖這種神奇的行銷手段……

✱ 再論接觸點策略

亞伯拉罕所操作的「冰熱」的銷售管道，與現在銷售男士襯衫、母嬰用品、電腦等直銷公司等相當類似；採取「郵購」的方式來直接銷售。

正常來講，像「冰熱」這類的藥膏貼布，應該走超市、7-11便利商店、藥局之類的分銷管道。但是亞伯拉罕堅持與眾不同，沒有走藥局的管道，而是採取郵購的方法進行直接販售。

為什麼呢？

大家記住接觸點即「管道」！

「接觸點」就是「顧客與你溝通、與你接觸的地方」。

「冰熱」要的，不是超市，而是與顧客溝通的工具。

「冰熱」要的，不是藥局，而直接向顧客宣傳的平台。

「冰熱」要的，不是所謂的傳統管道，而是可以讓顧客到處都能

接觸到冰熱產品資訊的媒介。

　　也就是說：

「冰熱要的是，最低成本而最高效能的與顧客的接觸點」。

　　顧客今天在報紙上看到了「冰熱」的消息，沒有動心；

　　顧客第二天在雜誌上看到了「冰熱」的消息，沒有動心；

　　但是，當他第三天收到「冰熱」的促銷信時，可能就要開始動心了。

　　我們常說「七次拜訪所成交的顧客比率最高」——這句話的真正含義是：增加與顧客溝通的次數，就能提高成交率；對「冰熱」這類常用醫療品來說，就是「增加接觸點就能提高成交率」。

　　所以，亞伯拉罕知道，如果像其他產品一樣走藥妝店之類通路的話，只能緩慢增加銷量。不利於「冰熱」在短時間內增加與顧客的接觸點，不利於直接搜集顧客資訊，不利於直接瞭解顧客需求，更不利於重複向顧客促銷——說得直接點：瀕臨破產的「冰熱」已經等不及了！

　　多了一個分銷的層次，就多了一層資訊的篩檢程式，對於「冰熱」這種瀕臨破產的企業來講，是「遠水救不了近火」。所以，「郵購（直接銷售）」就是亞伯拉罕經過深思熟慮後的選擇。

　　今天，我們所說的平台，就是網路；當今世界，人類最偉大的發明之一，就是網際網路。因為，網路就是最高效的「管道」，就是最便利的「接觸點」，就是天生的「直接銷售」的平台。

　　借鑒「接觸點」的思想，好管道必須具備以下兩大標準：

> 好管道的兩大標準：
>
> 高效、低成本地與最大量的顧客接觸。
>
> 高效、低成本地與每個顧客持續接觸。

亞伯拉罕為「冰熱」選擇了「廣告」、「電視臺」等傳統媒體。在當時條件下，那就是最好也是最佳能接觸目標客戶的「接觸點」——也就是「最好的管道」。

那麼，鎖定了這些「接觸點」之後，下一步要解決的問題就是：該如何激發這些「接觸點」的傳播行動力……

⑤ 只為結果掏錢的廣告模式

亞伯拉罕說：「我們不為廣告付費，只為結果掏錢」。

這句話是什麼意思呢？

簡單來說，就是，不直接花錢做宣傳廣告，促使顧客來購買。

花錢做廣告，來打動顧客掏錢購買。這是傳統的做法。

這種做法最大的問題正如那句名言：

「我知道有一半廣告費被浪費掉了，但我卻不知道被浪費的是哪一半。」

所以，亞伯拉罕不做這種「浪費一半廣告費」的投入，他採取的是「反其道而行之」的做法——即「逆向廣告投資」。

✷ 逆向廣告術

彼得・杜拉克說：「正常思維反映了事物的普遍規律；逆向思維反映了事物的本質規律。」

採取普通做法的人，也只能獲得普通人的財富；

採取逆向做法的人，卻能獲得超越普通人的財富。

亞伯拉罕被稱之為「行銷之神」，絕對不是浪得虛名。他說：「不為廣告付費。那他把錢花在哪裡呢？」

他為「具體的顧客線索」付費。

每份「冰熱止痛膏」的售價是3美元。然而生產及配送加起來的總成本每份約45美分，只要銷售「冰熱止痛膏」的商家把已下單購買的把顧客的姓名及地址傳送回來（商家收錢，但寄商品的是亞伯拉罕的公司」，他就把藥寄出去——相當於用45美分買到了一個確切的顧客線索，而且是已成交顧客的線索。

所以，他絕對沒有浪費一分錢。因為，他採取的是一種「逆向廣告投資」。

即為每一個確切的顧客線索掏錢（付費）。

這也就是我的行銷理念：

不要賣產品，而要買客戶！
只有客戶才是最根本的財富之源。

亞伯拉罕是如何買的呢？

他找到各大雜誌、郵購公司、電臺、電視臺，請他們為冰熱做廣告。正常情況下，在這些媒體裡做廣告是要付費的。但是，亞伯拉罕卻採取了與眾不同的合作方式。

在每家廣告媒體裡，都有一些比較冷門的廣告位置，或是時段。與黃金時段相較之下，商家不願意在這些時段投資。認為價值不大。因此，這些時段或位置就成了「垃圾」。

但是亞伯拉罕卻發現了「垃圾」裡面的商機。

他跟廣告公司是這樣說：

在你賣不出去的廣告時段、廣告位置裡，或是在發出的廣告信裡，插入一些關於「冰熱止痛膏」的資訊吧。

反正你也無法從這些時段或是位置賺出錢來，為什麼不化廢為寶，銷售我們的冰熱產品呢？雖然我不會掏錢來買，但是，如果有顧客透過你的廣告來買冰熱止痛膏的話，你可以完全留下賣出這「冰熱止痛膏」的收入。也就是，每份3美元的銷售款，你可以直接從顧客手中收取，而不必再轉交給我們。

等於你們不用多投資任何費用，僅是利用現有的資源，就可以增加收入，而且完全沒有任何風險。

更方便的是，你們只要把已下單購買顧客的姓名及電話轉回來給我們，我們這裡會承擔寄出貨品及售後服務的工作。你們沒有任何後續的麻煩與收尾。這是只賺不賠的生意呀！

為了吸引廣告媒體與「冰熱」合作，有時亞伯拉罕甚至還會額外支付這些媒體45美分。相當於，這些廣告媒體每銷售一份「冰熱止痛膏」，就可以毫無風險地賺到純利3.45美元。

各位親愛的朋友，你一定要仔細分析好這個案例。想一想，為什麼廣告媒體願意與亞伯拉罕合作！

在亞伯拉罕這種做法之前，從來沒有人曾經這樣做過，支付100％的佣金給廣告商。更從來沒有商家敢支付超過產品售價的佣金給代銷者，就是說，售價3美元，你銷售一份產品，我支付給你3.45美元，就是115％的佣金。

即使到了二十多年後的今天，也很少有商家敢於這樣做行銷——除了房神網站之外，我在國內還沒有見到過這樣的「勇者」……

這難道不是「冰熱」瘋了嗎？

✱ 瘋狂的100％佣金制

「每銷售一份，廣告商可以保留100％銷售收益」──相當於「冰熱」公司承擔了所有的銷售風險及成本。

正常人怎麼敢這樣做生意呢？

亞伯拉罕的提議對眾多廣告媒體來說，自然是無法抗拒的。所以僅在一年之內，「冰熱」就與超過1000家媒體達成了合作協定，這些媒體有雜誌、報紙、電視臺、廣播電臺，郵購商等等。

人多力量大。亞伯拉罕充分運用這些媒體的垃圾資源，變廢為寶，立即促成了「冰熱」在全美的廣告旋風。到處都聽到、看到、瞭解到「冰熱」這個止痛膏產品。

所以，「冰熱」沒有出一分錢做廣告，就在一年裡，創造了超過1000萬次的曝光率。

借用這些免費廣告，「冰熱」無需外派任何一個銷售員，而只是增加了一些電話服務員，就產生了驚人的效果。

每天，「冰熱」都能得到5000到10000位來自新顧客的訂單，其中三分之一將重複購買，甚至成為終身顧客。

什麼叫「自動化行銷」？

這就是「自動化行銷」！

不花一分錢，就有千百家媒體積極宣傳；不雇用任何一個銷售員，每天就有5000到10000個新顧客產生。

所以，請大家務必反覆琢磨這個超乎常理的成功案例，這將是你可以即學即用的超級行銷方案。它可以直接借用在眾多行業中。

接下來，讓我們來深入解剖這種行銷方案的深層邏輯奧祕。

首先，我們回顧一下在《網路印鈔術》提到過的「行銷」的本質

解釋；這是我長期實踐的心得，大家一定要記下來：

> **行銷的本質思維——**
> **如何最大化地散播帶鉤的魚餌！**

「接觸點」有三個內涵：接觸顧客的人數；接觸每個顧客的頻率；接觸顧客內心的深度。即廣度、頻度、深度。

要實現與顧客的接觸，就要花費金錢、花費時間，這些都是資源的消耗。

行銷，就是要借力使力，借助別人的資源，或者說是借助社會資源來實現與顧客的接觸。

冰熱最初的營業額只有2萬美元，他們有多少錢可以打廣告，讓潛在顧客知道它們的商品？

沒有。

他們有多少業務員可以上門去推銷？

沒有！

他們窮得可憐，瀕臨破產。

所以，他們就必須借助社會資源。《孫子兵法》有云：「上兵伐謀、其下攻城。」使用謀略是不用流血的，但直接攻城是要死人的。

做廣告宣傳、獲得客戶資訊，也是同樣的道理。

所以，亞伯拉罕就要借助社會資源了。他的行銷思維，總結成以下兩點：

✱ 一、尋找被忽視的傳播管道——目標魚池的接觸點

借助社會資源，或者說是「資源整合」，實際上，就是價值互換的過程。幾乎每家廣告公司都有賣不掉的廣告位置，都有被浪費的廣

告資源。

亞伯拉罕於是才有機會與他們合作。用「付佣金」的方法來謀取廣告宣傳。這一點與google的AdSense廣告、亞馬遜的Affiliate會員聯盟是同樣的道理。

只是，亞伯拉罕整合的是「主流媒體」，而google與亞馬遜整合的是「螞蟻雄兵、群眾海洋」。

「尋找被忽視的資源、變廢為寶」是我們認為最快的致富方法。後面我們會闡述在網路上的具體實施方法。

★ 二、計算顧客的終身價值——魚餌的投資收益比

為什麼「冰熱」敢為每個顧客支付45美分的成本呢？

因為他們事前經過縝密的計算，知道了這個45美分的投資將有什麼樣的價值。

我們來看看他們的收穫。

「冰熱」採取亞伯拉罕的策略後，第一年就獲得了100萬的新顧客線索——也就是說，有100萬人透過不同的媒體及管道購買了冰熱止痛膏。

那麼，他們為這100萬份止痛膏支付了多少成本呢？

一共是45萬美元。

看起來這些廣告費價值不菲，但是，再讓我們來看看他們的收益。

這100萬名新顧客中，有35萬人在一年的時間裡，重複消費了6次，每次購買（包括其他的產品）的金額約是10美元。

也就是說，他們的收入是 ：

35萬×6×10＝2100萬

這2100萬美元的收入，與45萬美元的投資相比，你應該明白亞伯拉罕高明的地方了吧？

我們再按3美元售價，45美分成本來計算，其利潤率為85％——實際上，你可以估算出18個月裡，「冰熱」使用亞伯拉罕的行銷思維，到底賺了多少錢。

結合「魚池致富術」的思維，我們應該明白：

- 「3美元的止痛膏」就是魚餌；
- 廣告公司、電視臺、廣播電臺等媒體就是「目標魚池的接觸點」；
- 100％佣金制就是魚餌向目標魚池散播的「驅動力」。

所以，「冰熱」案例裡最值得稱道的，就是其借力「媒體管道」散播「魚餌」的「驅動力」設計機制——100％佣金制。

結合網際網路的特色，以及多年的實踐，我們已經將這套「100％佣金制」改造成了一種更有利於在網路上傳播的行銷技術——「百分百病毒行銷術」……

6 百分百病毒行銷術

如果你從事過跟銷售有關的工作，那麼你一定知道：99％的銷售型業務，都是需要給一線銷售人員或代理商分配佣金的。

不同的專案及產品，其佣金比例不同。而不同的佣金，也就造成了「不同的激勵效應」。

＊ 激勵的簡單法則

說明白點，我認為：佣金比例越高，銷售難度越低，那麼，銷售

人員的行動力越強；進而，銷售成交量也會越大。新客戶也會越多，經營者的收益也會越大。

　　因此，我們若是想最快速度地累積大規模的客戶資料庫，就必須發動廣大的夥伴（網上或網下），群策群力。

　　某種程度上看，就要把他們當作「銷售員」來激勵。

　　因此，要想激發千百萬夥伴的「合作熱情」，你必須記住以下的這種思路……

百分百病毒行銷術的設計思路

1.設計吸引潛在客戶的魚餌，從而降低後續銷售的難度；

2.設計吸引合作夥伴的高佣金機制，從而激發他們推廣的行動力。

　　關於「魚餌」的設計，我們後面有詳細分析。現在重點談一談「佣金機制」。

　　我們可以透過一個簡單的比喻來說明「高佣金」的價值。

　　如果我們把夥伴的行動力按百分制來評分的話……

- 當佣金比例為10％的時候，他們的行動力也就是10％；
- 當佣金比例為50％時，行動力上升到50％；
- 當佣金比例達到90％時，行動力就是90％；
- 當佣金比例達到100％時，行動力就是100％……

　　所以，如果你想把別人的行動力激發到最大，那麼，最簡單而有效的方法，就是給他「100％」的佣金。

　　按傑‧亞伯拉罕的做法，就是「把3美元的銷售款全都給廣告媒體」。

　　這種策略在二十年前可以吸引「1000家媒體」；那麼，在今時今日，尤其是透過網路的話，就可以輕鬆地吸引10000個合作夥伴。

　　按每個合作夥伴為你帶來10個註冊用戶來計算，你可以輕鬆建起「10萬級客戶資料庫」，那就意味著百萬級的財富。

　　其核心的祕密，就是透過「100％佣金」帶來極強的吸引力，並借助「資訊」可以無限次複製的特點，形成「客戶→推廣者」的迅速轉化。

　　從而形成像病毒一樣的擴散效應——因此，我們將這套行銷技巧，稱之為「百分百病毒行銷術」。即「100％佣金制」，加「病毒擴散效應」。

　　從我們多年的實踐之中，我們得出這樣的結論……

　　「百分百病毒行銷術」適用於90％的行業，適用於90％的致富者。不必再學其他複雜的行銷技巧，只要你領悟了它的奧妙，你將在極短的時間之內，累積並完成龐大的客戶資料庫！

　　「百分百病毒行銷術」最典型的應用，就是我們前文提到過的「房神網站」。

　　正如我前面所提，要想激勵別人幫你推廣，就要——

　　把收益最大化，把難度最小化，那麼推廣者的行動力就會最大化！

　　所以，結合你自己的業務來設計推廣機制時，一定要好好思考以下的問題：

- 最適宜的推廣者是誰？
- 如何最大化他們的收益？
- 如何最小化他們的難度？

＊ 推廣者的激勵機制

傑・亞伯拉罕尋找到的「推廣者」，就是各種宣傳媒體。而對於普通致富者來說，那些報紙、電視臺、廣播電臺之類的媒介，雖然覆蓋面廣，但卻不容易達成合作——因為一般的個人要去跟這些大機構談「100％佣金代替廣告費」的合作，有點難。

相比之下，跟自己的客戶溝通，就容易多了。

就我們的經驗來看，無論是什麼樣的商品。或多或少都有一些客戶願意成為你的合作夥伴——尤其是當你的產品品質不錯時，主動上門要求合作的就更多了。

所以，客戶應該是我們要最優先考慮的「推廣夥伴」。

那麼，客戶為什麼會願意跟我們合作呢？

從「房神網站」的經驗來看，客戶希望加入「推廣團隊」，主要有兩大考慮：

1. 賺取佣金。
2. 免費獲得產品。

前者占到所有推廣者的2/3的比例，後者占到1/3的比例。

這些考慮因素就會促成推廣者付諸行動，幫你宣傳。所以，你就要同時提供這兩種「驅動力」，發動最多的人來幫助你宣傳。

「房神網站」的做法就是：

房神網站的推廣激勵機制

1. 無論你是否已經購買《房神祕笈》，都可以加入推廣。

2. 每推廣出一本，就分配100％佣金給推廣者。

3. 但是，如果該推廣者尚未買書的話，他所推廣出去的第一單，不能做為佣金分配給他，而要從第二單算起。但是，我們會同時贈送一本《房神祕笈》給該推廣者，相當於他用第一單的佣金購買了一本《房神祕笈》。

請注意上面的文字敘述——每一點都是我們大量實踐經驗的成果。

- 「100％佣金」可以充分激勵那些「求利」的推廣者。

- 「第一本不結算，改為送書」可以充分激勵那些「求書」的推廣者。同時避免「結算給購書人自己的」漏洞。

由於「電子書」是資訊產品，所以，我們使用「100％佣金」是沒有成本風險的。然而，如果你銷售的是實物產品，就要仔細認真考慮自己的「成本問題」。

我們也使用類似的方法推廣過實物產品，但沒有按「100％佣金」來設計——因為，實物產品確實有生產成本及運輸成本，我們不能盲目「承擔」。

當然，如果你像亞伯拉罕一樣，經過嚴密的統計分析及計算，瞭解了一個客戶的終身價值的話。那麼，就可以使用「冰熱」的100％佣金，甚至115％佣金，來激勵推廣者。

但是，在你開展業務的初期，我不建議你這樣做——畢竟有一定的風險。尤其是當你沒有設計好「後續銷售機制」時，更要謹慎。

✱ 後續促銷機制

　　真正的利潤往往來自於後續銷售。尤其在「百分百病毒行銷術」裡，第一次銷售收益（即「佣金產品」的銷售所得）基本上都必須要分享給「推廣者」。

　　所以，屬於我們自己的收益，往往就在「後續商品的促銷機制」上。

　　傑・亞伯拉罕為「冰熱」設計的方式是：

1. **在每份寄出的「冰熱止痛膏」產品裡，都附上其他產品的優惠券。**
2. **安排電話客服人員，主動打電話做「售後回訪」，順便促銷其他產品。**

　　從中，我們可以看出：

- 「優惠券」屬於「拉力」，吸引消費者購買其他產品——當然是更貴的產品。
- 「電話回訪」屬於「推力」，主動跟消費者溝通，促銷後續商品。

　　「一拉一推」之間，客戶的後續消費行動就會爆發。

　　而「房神網站」在建設之初，就沒有打算像「冰熱」一樣變成「大機構」來運作。而是遵循著「巨人賺錢機器」的思路開展。

　　所以，在後續促銷機制，我們沒有像「冰熱」一樣做「推力」設計，而是直接採取了「拉力」模式。

　　每本《房神祕笈》的最後，都附有關於《超級零首付》的促銷文案。裡面介紹了《超級零首付》的內容及價值。當然還有購買連結……

我們的原則是：想學習更高級房地產投資技巧的讀者，自然會主動購買《超級零首付》。根據1％的成交比率，我們只要讓系統自動運行起來，註冊客戶數量自動膨脹起來，《超級零首付》的銷售也會自動實現。

所以，為了追求「自動化」，我們犧牲了一部分的「效率」——成交比例當然不可能像「冰熱」一樣高。

但是，如果你想快速實現自己的財富增值效應的話，就可以設計像「冰熱」一樣的「拉力」與「推力」。

其中，「推力」機制除了使用「電話行銷」的方式之外，還可以使用「極限爆破」的技術——這種技術無需太多人參與，一個普通致富者僅靠一雙手、一台電腦，就足夠了！其效果絕對不比「電話行銷」差，而所需成本卻要低得多，是普通致富者的首選！

無論使用何種促銷方法，都必須與產品結合起來。在「百分百病毒行銷體系」裡，每一步都需要對應的產品予以配合。

所以，要想真正理解這套行銷技巧，就必須明白「三層產品結構」⋯⋯

7 極具攻擊性的殺手突擊隊

「百分百病毒行銷術」就是一種「產品及驅動力」設計機制。從某種角度來看，「產品結構」決定了這種行銷術成敗。

針對不同的目標客戶，為實現不同的目標，我們要將產品設計成不同的形式、不同的功能、不同的定價。

就「房神網站」來看，我們可以這樣理解其產品結構。

> ## 「房神網站」的三層產品結構
> 1. 魚餌產品：針對網站瀏覽者，吸引他們註冊，進入客戶資料庫。→最好免費。
> 2. 佣金產品：針對想賺取佣金的夥伴，吸引他們加入推廣活動，宣傳本網站。→較低定價。
> 3. 盈利產品：針對真正想學習「房地產投資」的客戶，吸引他們付費購買，從而為網站貢獻收益。→高價格定位。

如果你也想實施「百分百病毒行銷術」的話，那麼，你第一件事，就是要根據以上的「三層產品結構」規則，設計出自己的「產品組合」。

更多時候，你不需要重新增加新產品，而只需像「房神網站」一樣，把現有產品進行「重新包裝」即可。

✳ 「魚餌產品」

我們把《房神祕笈》完整書稿的前三章複製出來，單獨成冊，就變成了《房神祕笈》的試讀版。然後在網頁裡說：請留下你的e-mail信箱等資訊，我們就立即免費贈送「試讀版」給你。

那麼這樣就達到了「吸引瀏覽者註冊」的目的。從而建構起網站真正的財富──「客戶資料庫」。

請注意一點：我們在「試讀版」裡詳細描述了「完整版」的價值以及知識點，促使瀏覽本書的讀者購買290元的「完整版」。

✳ 「佣金產品」

把《房神祕笈》這本書的銷售收入（每本290元）都作為佣金，分享給推廣者。從而把推廣者的積極性調動到最大化。

根據我們的經驗總結，一般情況下，每10個註冊者之中，就會至少有1人願意加入推廣團隊。

而我們甚至規定：「即使你不買書，也可以加入推廣者行列。但是，你推廣出的第一本書的書款，不能結算給你——以避免個人以自己的推廣連結購書，從而又回收書款的漏洞。」

於是，我們就又進一步地降低了推廣者的「加入門檻」。

為了便於他們推廣，我們在附贈的《自動賺錢機》電子書裡，詳細介紹了各種推廣的方法，甚至把「軟文（群發廣告性貼文）」都寫好了，他們只要「複製＋貼上」即可。

✴ 「盈利產品」

當然，前面的工作，都是為「盈利」做準備的。所以，我們在《房神祕笈》完整版裡，大力促銷《超級零首付》這本電子書。

這本書的定價遠遠高過了《房神祕笈》，其價值當然也遠遠高過了《房神祕笈》。只有那些真心想學習房地產投資技巧的人，才願意投資。

所以，雖然購買《房神祕笈》的人當中，只有很少一部分的人最後會購買《超級零首付》，但是，其收益也遠遠超出了原來單純靠銷售前者的所得。

就是這樣的產品組合（魚餌產品＋佣金產品＋盈利產品），再配合上我們自己開發的「佣金推廣平台」。於是，「房神網站」在沒有付出一分錢廣告投資的前提下，在短短一個月內，註冊量就增加了14倍，收益成長了18倍。

我們相信，這套模式可以被眾多行業、眾多商家所借用。

無論是否從事網上經營，都可以設計同樣的推廣模式。只要看透

了本質，就可以輕鬆運用你身邊的「隱藏資源」，快速打造自己的「財富魚池」。

接下來我們剖析一下「百分百病毒行銷術」的設計思路，幫助你打造自己的「財富槓桿」……

✳ 「三層產品結構」架構圖

通過前面的學習，你已經明白。「巨人賺錢機器」就是「以客戶資料庫為核心的四元組互動系統」。

結合本章所介紹的「三層產品結構」的知識，我們可以繪出「巨人賺錢機器」的新版本。如下圖所示：

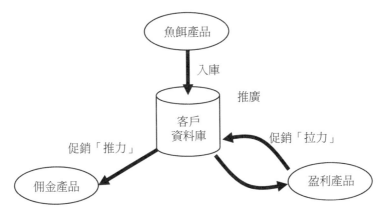

圖5-4 三層產品結構在「巨人賺錢機器」裡應用

你可能已經發現，我在不同的章節裡，都反覆提到了與上圖類似的結構圖──這不是偶然的，而是「故意」的。

我希望你可以藉由不同的側面來瞭解「巨人賺錢機器」的內涵──簡約而不簡單。

我前面已經提過，「巨人賺錢機器」裡，包含三大體系──

- 新客戶獲取體系；
- 招商／轉介紹等推廣體系；
- 產品促銷體系。

這三大體系的運作，都是以對應的產品為媒介的。

- **魚餌產品**：透過媒體、異業商家的目標魚池散播魚餌，吸引潛在客戶進入資料庫。魚餌的傳播力及吸引力，是決定其成敗的關鍵。

- **佣金產品**：推廣體系的核心。其意義在於激勵合作夥伴的行動力。佣金產品應具備突出的成交誘惑力，可以輕鬆吸引客戶快速付費成交，從而幫助加盟夥伴看到「即期收益」。進而激勵加盟者更加積極地投身推廣活動──從某種程度來說，佣金產品是「短期利益」的依靠。

- **盈利產品**：企業利潤的泉源。高價值、持續性、高利潤，是其基本的特點。企業應設計以「推」為主，以「拉」為輔的促銷體系，強力促進客戶的成交比例。

在不同的企業經營裡，三層產品結構是不同的。甚至有些部分是缺失的，但這不影響這三層產品結構的基本格局。

比如，以「冰熱」為例，我們知道其產品結構應為下表所示：

產品形態	產品定位	功能目的
3美元的冰熱止痛膏	佣金產品/魚餌產品	激勵媒體為其廣泛宣傳，獲得客戶資料
後續冰熱系列產品	盈利產品	促進客戶消費，增進企業收益

　　由上表分析可知，亞伯拉罕將「3美元的冰熱止痛膏」一職兩用，對「媒體公司」來講，它就是「佣金產品」，實行100％佣金制，激勵他們廣泛宣傳。

　　同時，「3美元止痛膏」也是「魚餌產品」，以便獲得新客戶的資料。

　　而為了幫助「冰熱公司」創造真正的收益，他又設計了「電話銷售＋優惠券」的「推拉組合」，大大促進了後續冰熱系列產品的銷售。

　　所以，銷售產品、創造財富，本身並不難。只要你讀懂了「三層產品結構」及「百分百病毒行銷術」——他們組合在一起，說明「冰熱」，幫助「房神網站」，幫助我的學員們，創造了眾多財富奇蹟。

　　所以，我把這種組合稱之為「殺手突擊隊」——意味著，它具備極為強大的財富增值能力。

　　它是你加速進入「智慧致富」殿堂的魔毯。我建議你把本章所講解的知識，重複閱讀至少三遍，然後再仔細、認真地思考一下你自己的財富之路。

Internet Marketing

chapter 6

超越借力致富術

　　親愛的朋友，我們在前文已經學習過了巨人產品、巨人廣告、巨人賺錢機器等知識。

　　我相信，你已經明白：最快速的成功之道，就是找到一個巨人，並站到他的肩膀上，打造自己的巨人賺錢機器。

　　但是，這一章裡，我要告訴你：前文所講的，都不是最快的——因為，接下來的內容，會讓你再次擴展自己的思維，超越前面五章的內容；重新認識「借力致富」之道。

　　所以，請你屏住呼吸，讓我再與你分享一個非常有趣的行銷案例……

1 小學的「三贏策劃」

　　當代儒商學院的院長黃友新老師，有一次給我講了一個他的策劃——雖說是一件小事，但卻讓我大受啟發……

小學的「三贏策劃」

有一天，黃老師帶著九歲的小孩去學校參加家長會——那是一間知名的小學。教育資源及師資都很不錯。

◎家長之擾

但是，這所學校卻深受「商品經濟」的影響，時常變換藉口與理由，向家長籌資募款。

這一次的家長會上，毫無例外地主任剛講完一些「客套話」，就又開始「訴苦」——大談特談什麼「學校缺電腦」、「缺影印機」之類的「苦惱」。

總結為一句話：請每位家長贊助2500元。

這已經不知道是第幾次了，總之，家長們心裡感覺「這是無理要求」；大家意見也很多，基本都存在著抗拒心理，不願意交錢。但是，自己的小孩又是在學校讀書，如果明著跟學校「對抗」，也擔心對小孩的學習不太好。

既然是「鬼谷子行銷專家」，黃老師感覺自己應該想辦法，解決一下問題；既讓自己以及其他家長們不再受「募款」之擾，也讓學校真正找到「願意掏錢」的人。

這場「集資會」難產之後，黃老師直接去拜訪學校的校長——表明身分，並直接提出了一種「三贏」的解決之道。

這套方案提出之後，讓學校校長拍案叫絕，不僅很快就獲得了自己想要的結果，日後也不再向家長「募款」了。

◎三贏之道

黃老師建議學校的校長，直接派人去跟附近的大型商場聯繫。這所學校附近，有眾多的大型連鎖超市，比如好市多、大潤發、家樂福等──跟他們商談合作事宜。最後，學校與「好市多」達成了協定。形成長期合作關係。

合作方式很簡單，「好市多」商場希望學校帶來更多的消費客源，而學校希望獲得資金或實物的資助。

因此，他們簽定下協議：由學校號召家長們，在8、9、10三個月內，在好市多購物，憑發票來統計。只要總額累計達到150萬元；那麼，好市多商場就會贈送該校價值25萬元的辦公及資訊用品。

接下來，學校跟家長們溝通，請求家長們配合做兩件事：

1. 儘量到「好市多」去購物；

2. 每次購物之後，把「發票」收集下來，由小孩帶到學校。

家長們一聽自然也很樂意配合。

原因很簡單：生活必需品是經常要購買的。去哪家購買，都區別不大。既然學校提出來，不必再「集資」，那麼，就去「好市多」購物好了。反正這些發票除了對獎也沒其他用途。

現在把發票收集下來，既幫自己，也幫學校，何樂而不為呢？

於是，家長們全都行動起來，在這3個月內，加大了去「好市多」的次數，每次也都儘量多購買一些必需的家用品。

於是，不到3個月的時間，學校就累積到了150萬的總額。交到「好市多」商場那裡，順利地領回了學校所需的辦公用品。

所以，這是一個真正「三贏」的行銷方案。

家長贏了，以後不用再被「募款」；

學校贏了，獲得了所需求的辦公及資訊用品。

好市多商場贏了，增加了客流及營業額。

因此，這是一次非常精彩的「三贏策劃」⋯⋯

這個案例黃老師隨口說來，感覺自然輕鬆──但我卻品味了許久。

行銷之道，講究「無中生有」。而「借力致富」講究的是「站在巨人的肩膀上獲得成功」。

你有沒有發現其中的共同點呢？

如果說，這個案例給人最大的啟發是什麼──那麼，我會說：我發現，最快速的成功方法，不是「站在一個巨人的肩膀上」，而是「站在多個巨人肩頭」⋯⋯

2 從巨人身上發現機遇

RE/MAX告訴我們：要「聚沙成塔」，把「小人物」用「佣金黏合」起來，變成巨人。

「冰熱」告訴我們：要利用「媒體」的「巨大覆蓋能力」，整合成龐大的宣傳網路，快速開發新顧客。

而黃老師告訴我們：「財富的巨人」，無處不在；只要你能發現「巨人」們之間存在的「資源互補」的空隙，就可以挖掘無窮無盡的

商機。

✴ 發現「巨人們的空隙」

你要想站在「巨人」的肩膀，就要向巨人證明：

你有被利用的價值，你可以贏得與巨人的合作。

這句話說起來容易，做起來很難。

之所以，別人稱為「巨人」，而你不是「巨人」。就是因為，雙方存在著巨大的「資源差異」。

巨人的力量是100分。而普通人往往只能打1分。

所以，你要想向巨人證明自己的「價值」，說服巨人「利用你」，甚至「與你合作」──那常常是「螞蟻對大象的挑戰」。

因此，你會發現：唐駿進入「微軟」，靠的是「博士學歷」的身分。

而對於廣大的普通創業來講，你很難有「博士學歷」；你很可能只是普通的初學者，沒有經驗，沒有高學歷，沒有技術特點……

因此，你要想找「巨人」與你合作，那是難上加難。

但是，別忘了，世界上，不是只有一個「巨人」。除了「微軟」，還有「蘋果」；除了一隻「領頭羊」外，還有另一隻「獅王」……

同時，每一個「巨人」身上，總有他「顧不到的地方」，總有他「力所不能及的問題」。

而這些問題，往往是另一個「巨人」所擅長解決，而且很希望別人主動合作的。

我稱之為「巨人們的空隙」。

只要你能找到兩個巨人之間的匹配點，或者「空隙點」——也就是雙方力量的結合部分，那麼，你就能輕鬆地在兩個巨人之間「縱橫擺闔」、借力而上，甚至一飛沖天……

✶ 把巨人的問題變機遇

1 Min Focus

一個有毅力的學員

有一個學員——從來沒有參加過我的面授班，而僅是買過我的書——總喜歡寫信給我。

由於我事務繁忙，大多數的信——尤其是不緊急的，只是普通求教的——我通常都不回覆的。

但是，這個學員非常奇怪，總是不斷地給我寫信。有時是一封信連續發三天，有時是變換信的內容及風格……

總之，這個學員持續一個多月的時間，都在給我寫信，甚至有一封信的標題是：「老師，我就不信，你永遠不回信……」

真是令我非常「無言」——面對這種有耐心與毅力的學員，我真的受不了了。於是，開始給他回信。解答他信裡的問題；幫他的生意做點簡單的分析與點評。

一來二去，我們就互相比較熟悉了。

有一天，他突然提醒我說：「老師，我覺得你的知識與克亞老師比較相通，你可以直接跟他聯繫一下呀。說不定有合作的機

會……」

他的話提醒了我，我於是問他：「有克亞老師的聯繫方式嗎？」

他很快就幫我找到了。於是，我與劉克亞老師開始直接溝通，在很多知識及課程方面開始合作。

對於這位學員的「提示」，我一直感謝在心；以後，幫助他的次數就更多了……

這個學員，是極個別的案例。

因為，給我寫過信的學員太多了，但是，大多數都沒有堅持下去。有些學員，即使跟我通過信三、四次了，也往往不再堅持。

在他們看來：

「給老師寫信，就是求教的。如果沒有問題了，就不必再寫信了……因為，沒有問題了，還聯繫做什麼呢？」

親愛的讀者，我把這個問題現在拋給你，請你想一想：「沒有問題了，還聯繫做什麼呢？」

沒有了問題，難道就不應該聯繫了嗎？

聯繫與通信，難道就只是為了「解決問題」嗎？

看過本書之後，我相信你會把這個「問題」，放到更高的層面上去解決：

給老師寫信，不僅是為了求教，更是為了「相識」與「交友」，為了發現機遇：發現可以幫助巨人的機遇，發現可以站在巨人肩膀上的機會……

99％的學員，從來沒有想過「該如何站在老師們的肩膀」上。他們只想著從我們這裡獲得一些「新知識」、「新資訊」……

但是，商機來源於「人脈」，財富來源於「合作者」。

「知識」、「資訊」只是其中一項催化劑，而「巨人的肩膀」包含著更多的意義：

- 巨人的客戶資源；
- 巨人的人脈優勢；
- 巨人的經營團隊；
- 巨人的圈子影響力。
- ……

巨人身上可以為你所借用的，遠遠超過「知識」的範疇。

真正懂得借力的人，一定是長期與巨人聯繫，長期與巨人溝通，長期與巨人打交道，長期思考如何幫助巨人——總之，是長期等待巨人身上的「空隙」的人……

只要你存著「等待」與「狩獵」的心理，你遲早會發現一個機會——那時，巨人也需要別人來幫忙。

此時，你就全力以赴，一擊即中——那麼，恭喜你，你已經真正地站到了巨人的肩頭……

那麼，你該如何解決巨人的問題呢？

你自己的能力往往是有限的，而你只需要找到另一個可以解決「這個巨人問題的另一個巨人」……

③ 讓巨人幫助巨人

一個普通家長如果直接上門去找「好市多」談合作，可能成功的機會不會很大。

為什麼呢？

因為，商家之間的合作，很講究「門當戶對」──好像嫁女兒一樣，大戶人家，都希望對方也是「家底殷實」；這樣，雙方家庭的「對接」，才會幸福。

這是人之常情。商業合作更是如此。

＊ 穩賺不賠的買賣

當一個普通家長登門談合作的時候，「好市多」商場的總經理，很可能根本不見；更別提談合作了。

因為雙方的身分、地位、背景，根本不對等，無法銜接。

但是，當一所當地附近的學校找上門時，他們就不能「無動於衷」了。因為，學校本身擁有相當多的資源及影響力。

學校的校長或各級主管，往往都在政府、協會裡面，有較廣的人脈及社會影響力──這是隱性的商業資源，沒有哪個商業機構會去忽視它。

所以，當學校上門談合作時，「好市多」很快就與學校達成協議──他們知道，憑藉學校家長們的購買力，3個月內增加150萬的消費額，是舉手之勞。

這相當於商場常常希望開發的「大客戶」──每家商場都有「集團採購」部門，就是針對這些大型機構的採購提供服務的。

150萬的採購額，不算小；所以，根據以往的慣例，商場的「大客戶部」也會給合作者提供一些「獎勵或回饋」。

而贈送價值25萬元的辦公用品，那也是「舉手之勞」──別忘了，「價值為25萬元」，可不是「成本為25萬元」。

這「25萬元的辦公用品」，說不定其採購成本不過「10萬元」，甚至「5萬元」。

因此，用「5萬元的利潤反還」，就獲得了「150萬的營業業績」——這對於「好市多」來說，當然是「穩賺不賠」的買賣。

★ 資源互換的合作

所以，這次黃老師策劃的「三贏交易」，本質上，是一次「以物易物」的合作。家長支付現金、學校支付「客戶」、商場支付「商品」。

三者都是贏家。

這就是「巨人空隙匹配」的關鍵：

幫助兩個或多個巨人，實現「資源互換」式的合作，從而讓所有參與者，都獲得自己所需的東西，最終多贏……

你很難讓兩個巨人之間，完成普通的「錢物交易」——這是基本的常識。如果你所撮合的合作，僅是最普通的「錢物交易」，即一方掏錢，另一方提供商品；那麼，巨人們又何必找你合作，讓你撮合？

從某種意義上說，你就沒有「利用價值」了——因為你本身也沒有為雙方創造價值。

所謂的「價值」，不是指「資訊的匹配」——這一點太普通、太平常了。

「價值」往往是指，你發現了「巨人之間，讓雙方都獲益的合作模式」。而普通的商品交易，往往是「一方贏，一方輸」——這是對抗性的零和遊戲。

所以，「巨人空隙匹配」是指：

> 一方的優勢，剛好是另一方的劣勢；你幫助他們實現了資源的互補，他們都以最小的代價，獲得了最佳的結果。

我身邊就有這樣的案例。一些人拿著某些廠家賣不掉的好產品，找上我們，詢問該如何銷售。

我告訴他們一種策略之後，他們使用之中逐漸見了成效──更進一步地他們提出與我們合作，一起來賣這種好產品，成交之後，按收益分成……

當然，這樣的案例並不多見──畢竟，大多數學員都是「害羞」的人；只是，這一點其實完全沒有必要。他們不懂得：

> 喜歡當老師的人，都是喜歡分享的人。他們尋求老師的幫助，很多時候，其實不是在「煩」老師，而是在幫助老師「獲得快樂」……

雖然不多見，但是，我認為這是一種「聰明」的思維。

作為普通的網上創業者，其實並沒有太多的資源──沒有好產品資源，沒有好的銷售能力與團隊。

所以，與其自己從頭摸索，不如直接做一個「巨人空隙匹配者」。

也就是說，去主動完成一個「創業項目」所需的「巨人資源」。

那麼，有哪些巨人資源呢？

1. 功效突出的好產品──巨人產品；

2. 銷售力強的平台──巨人廣告網路。

而你只要做一個「匹配者」就好了。

其實，在網上創業，很簡單──就是把好產品，嫁接到好的銷售網路中去。RE/MAX是這麼做的；「冰熱」是這麼做的；「房神祕笈」是這麼做的；黃老師也是這麼做的。

　　這就是我真正想告訴你的「借力致富的捷徑」——讓巨人幫助巨人，如果沒有「巨人」，我們就「聚沙成塔」，製造出一個「巨人」……

　　所以，你應該明白：「百分百病毒行銷術」實際上就是「聚合」之道。而比這種模式更快的，就是本章所介紹的「直接對接與借力」。

　　實現「巨人們的對接」能創造出更大的價值與財富力；而且，也更加省力、省時間、省錢……

　　只是，很多人想不到這條「財富的祕密通道」罷了。

　　那麼，到底你該怎麼成為「巨人們的撮合者」呢？

④ 成為巨人的媒人

　　我喜歡把一個案例讀透——雖少而精。

　　就好像是「精讀」而不「泛讀」一樣。讀書的好習慣之一，不是「量大」，而是「讀爛」。

　　因此，你不要感覺「煩」，而要花更多的心思去反覆「品」一個案例。

✳ 巧妙的「身分」嫁接

　　在「學校的三贏交易」案例裡，有這麼一段話：

　　這場「募款會」難產之後，黃老師直接找到了學校的校長——表明身分，並直接地提出了一種「三贏」的解決之道。

　　這套方案提出之後，讓學校校長拍案叫絕，很快就獲得了自己想要的結果。以後也不再向家長「募款」了……

　　黃老師讓學校的校長，直接派人去跟附近的大型商場聯繫。

這裡附近，有眾多的大型連鎖超市，比如好市多、大潤發、家樂福等——跟他們商談合作事宜。

最後，學校與「好市多」達成了協定。形成長期合作關係⋯⋯

雖然簡短，但是裡面有三個細節，值得注意：

一、黃老師向學校提出建議；贏得學校校長認可。

二、學校派人去找多家商場洽談。

三、學校與「好市多」達成協議。

請你把自己做當「學校校長」的角色，來品味這些環節——如果你是某學校的校長，你從來都沒有想過類似的提案策劃。當你第一次聽到這樣的精彩提案時，你在高興之餘，還會想到什麼⋯⋯

這套方案真精彩，只是，我們學校沒有這樣的市場運作的人才呀？我該找誰來執行這套方案呢？

實際情況是，黃老師帶著這個學校的代表，直接找到好市多商場商談談判下來的。

也就是說，當黃老師成為這套方案的「策劃者」時，那麼，「巨人」就不由自主地希望再找這個「策劃者」來執行；從而，「策劃者」在很大程度，會自然而然地成為「執行參與者」⋯⋯

我稱之為「巨人的媒人」。

「巨人的媒人」是指前期提出「方案」，中期參與執行，後期參與「佣金分成」的中間人角色。

✳ 為巨人做媒

給「巨人」說媒，是一件非常有趣的事。

　　從個人身分來講，這個「媒人」本身是沒什麼實力的，也沒有什麼「巨人背景」的人。

　　但是，由於他是「媒人」的角色，所以，他突然之間，就成了「兩個巨人之間的共同經紀人」。

　　像黃老師一樣，在「商場經理」面前，他是「校方的代表」。

　　在「學校校長」面前，他又是「商場經理的聯繫者」。

　　因此，哪一方都會重視他，不是因為他自己的身分；而是因為他的「後臺」與「背景」。

　　這是一種非常巧妙的「嫁接過渡」。

　　就跟那個找我合作的學員一樣——在廠家那裡，他是「我們」的代表，擁有一定的知名度及銷售團隊。

　　在這裡，他又是「廠家」的市場負責人，可以利用廠家的產品資源來說話。

　　因此，沒有誰會輕視他——因為誰也不會輕視他背後的「支柱」。

　　於是，他有點「漁翁得利」的優勢，直接嫁接到「兩個巨人的身上」，讓兩個巨人同時為他服務。

　　所謂的網上創業，還不就是「把好產品放到好的銷售管道裡去」嗎？

　　乍聽之下很簡單，但是很多人卻越做越麻煩。

　　因為，他們不懂得「為巨人做媒」的方法，只能憑藉自己的力量，一點一點地累積，一點一點地起步——那樣不難才怪。

　　親愛的朋友，請你相信，創造財富之路有千萬條，其中總有一些會比其他的輕鬆一點、快一點、容易一點……

　　關鍵在於你的選擇。

> 跑得快，不如站得高──站在一個巨人的肩膀上，不如站在兩個巨人的肩膀上。

你可以被巨人所利用，你也可以利用巨人。只要你想通了「為巨人做媒」，幫助巨人對接的奧妙，那麼，你可以把財富之路變得更加平坦……

所以，我希望各位先把「巨人產品」讀懂，學會如何選擇產品。接著，再把「巨人賺錢機器」讀通，明白產品銷售之術。最後，再利用前面的知識，去尋找已經做到這兩樣的「巨人」，幫助他們實現「對接」。

這是一種智慧的放大──誰說「為巨人做媒」不需要膽量？

誰說「幫巨人對接」不需要智慧？

誰說「實現巨人的雙贏」不需要耐心？

誰說「站在多個巨人的肩膀」不需要氣魄？

……

財富，與每一個人有緣；財富，更與「巨人」有緣。與其靠自己的力量從零開始，不如去沾一些「巨人的財氣」──尤其是當你同時凌駕於多個巨人身上之時……

⑤ 馬上行動……

其實，本書所講的內容並不難，它們都是「巨人賺錢機器」裡的零件。

在三大體系中，「百分百病毒行銷術」就是「推廣體系」的核心技巧。它依賴於「佣金產品」的利益分享機制，對合作夥伴產生強大

的推廣驅動力。

　　在具體的實施過程之中，我建議你遵循以下的步驟，穩中求快，才能步步為「贏」！

✱ 巨人賺錢機器實施步驟

　　其實施步驟可表示為下圖：

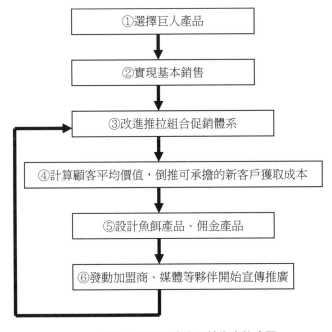

①選擇巨人產品

②實現基本銷售

③改進推拉組合促銷體系

④計算顧客平均價值，倒推可承擔的新客戶獲取成本

⑤設計魚餌產品、佣金產品

⑥發動加盟商、媒體等夥伴開始宣傳推廣

圖6-1 百分百病毒行銷術實施步驟

　　由上圖可知，「巨人賺錢機器」是對企業自身的促銷流程開始進行改造，然後由「投資→收益」的分析來設計適宜的「魚餌產品」及「佣金產品」，進而發動推廣夥伴來全面宣傳。

　　正如亞伯拉罕後期為媒體公司支付 115％的佣金一樣，這套體系

不是一成不變的，它需要你結合實施過程的實際狀況，持續改善、漸進地調整。

做行銷，跟做管理一樣，講究的就是「持續改善」的學習累積。

無論你現在是普通的個人創業者，還是公司企業的經營者，都應該把「行銷」做為一個重要的「研發部門」來建設。

在「巨人賺錢機器」的框架下，不斷改進「三層產品結構」及「百分百病毒行銷術」的實施體系。

那麼，你將發現，財富只是一系列正確行為的必然結果。

學習這些知識之後，大家應該明白：創造財富最簡單的方法，就是先建立一個屬於自己的「魚池」，即「客戶資料庫」；然後透過促銷產品，從「魚池」裡「提現」，也就是──成交顧客來賺錢。

而「巨人賺錢機器」最有價值的地方在於：

> **「巨人賺錢機器」是最簡單而高效的「魚池致富術」的實施策略。**

✱ 無處不在的財富機遇

「巨人賺錢機器」既適合在傳統行業開展，比如「冰熱」；更適合通過網路來實施，比如《房神祕笈》。大到公司機構，小到普通個人，都可以複製這種模式，把傳統的產品銷售工作，變成全部自動化的流程。

> 1. 透過「魚餌產品」，建立起「客戶資料庫」的自動擴充體系；
> 2. 透過「佣金產品」，建立起「客戶→推廣者」的自動轉化體系；
> 3. 透過「盈利產品」，建立起「拉力+推力」的自動促銷體系。

只要你設計好這三種產品，就可以輕鬆架構起這三種體系，從而形成一套流暢而高效的財富機制。

　　我們相信，絕大多數產品，都可以變成「巨人賺錢機器」；而只需要你轉變思維。

　　智慧創造財富，你把「巨人賺錢機器」了解透徹之後，就會發現商機無處不在……

　　我希望你也借鑑這套模式，套用在你自己的項目中。其實，如果你是做網上的產品銷售，那麼，你可以直接模仿我們的做法──我們已經驗證過這種模式的威力了，你不必從頭來過。

　　如果你是做店面的產品銷售，那也可以設計類似的模式──最起碼，「冰熱」案例就一個最好的參考物件。我們相信，雖然已經過去了二十餘年，這種行銷技巧在國內懂得應用的人也不多。

　　我們正在幫助中國的企業家、創業者們，掌握並應用「巨人賺錢機器」的技巧，從而以極低的成本，實現爆炸性的市場擴張。

　　尤其是透過網際網路來運作，有更多的發揮空間……

　　當然，你也可以直接把「巨人產品」，對接到「巨人賺錢機器」之中，幫助巨人做媒；從而以更小的力量，發掘更大的財富未來！

　　還記得本書前言所說的那個「小漁民的大策劃」嗎？

　　你也可以像他一樣，請相信自己：總有一種捷徑屬於你，總有一個巨人在等待著你……

PART 2
心態觀念篇

You Can Make Money with
Internet Marketing

Internet Marketing

chapter 7
快速成為 有錢人的捷徑

① 錢的來源與機運

前不久，我遇到了一位朋友，這位朋友之前一直在貿易公司上班，已經有超過十五年的業務經驗，朋友跟我說：他替老闆工作，當個領薪族，每個月都幫老闆賺了好幾百萬，但薪水永遠都只是四萬元剛剛好。

公司賺了那麼多錢，卻不會回饋給員工，真不想繼續為這樣的公司賣命，有一天我跟老闆說：「我不想幹了。」老闆卻跟我開玩笑地說：「最近有人想進來我們公司，我還一直煩惱找不到缺，不過念在你為公司做了不少貢獻，你是不是要再仔細考慮看看，現在工作確實不好找啊。」

這樣的情形，是不是經常發生在我們周遭呢？可能我們替公司賣命做得要死要活，幫公司賺進大把金錢，但薪水卻很難再漲上去，而老闆卻可以輕輕鬆鬆躺著享受，還能有大把鈔票進帳。

這位朋友接著跟我說：「我曾經想過創業，但一方面沒有多大的本錢，另一方面又很害怕失敗，老師，你也是跟我一樣是沒有富爸爸的人，到底像我這樣的人，該如何才有機會翻身呢？」

如果你也跟我過去一樣，或跟我這位朋友，面臨有差不多的困

擾，你一定要知道，金錢是如何做流向的，為什麼有些人賺錢這麼輕鬆，有些人辛苦了一輩子，卻總是賺不了多少錢。

我想我們必須先來了解一下，錢這個東西，當初是怎麼產生的，在很久以前，這個世界還沒有錢，所有的交易都必須是以物易物，例如：我可能需要一匹馬，但我只有羊，我找到了有馬的人，我向對方提議說：我願意用三隻羊換你一匹馬，如果對方也需要羊的話，並且覺得你的提議划算的話，他就可能同意你的提議。

而在還沒有錢的時代，當然也有商人，例如中國南方有稻米、絲綢、鐵器、而北方則牛羊馬的遊牧民族居多，因此商人就把南方的東西，運到北方去，因為北方很少有稻米、絲綢、鐵器等，因此北方人認為相當珍貴，就願意用更多的牛馬羊跟商人作交換，而商人得到這些牛馬羊的時候，再運回南方，相對的牛馬羊對於南方人也是珍貴的，因此也跟商人作交換，而商人就因為這樣，資產越來越多。

而因為以物易物，畢竟太過不方便，因此金錢的發明，只是用來便於交換的一種物品，這個道理雖然人人都知道，但大多數的人因為科技的發達，交通的普及，卻都忘了這個道理，以至於在思考的誤區，認為：一斤米就應該多少錢才合理。

事實上我們都知道，當iPhone、PSP遊戲機等推出新一代機種，台灣還沒有貨的時候，極度想要的人，都願意用高出很多的金額去購買水貨，而水貨商也是看準此點，所以想盡辦法從國外取得後，立刻來到台灣用高價銷售。

以上是幾乎人人都想得到的交換，因為以上都是有形的東西，有形的東西除了交換以外，另外也可租給別人，例如：土地、房子、車子。

然而事實上無形的東西也可以交換，打個簡單的比方：我最近買

了一張意外險保單，一年保費6萬，依照死亡的方式不同，給予500萬～2000萬不同的賠償，但如果沒因為意外而殘障或死亡的話，一年後6萬元就等於沒了。

早期保險公司在台灣經營的時候，難度是很高的，一方面跟文化有關係，另一方面也因為大家不相信保險公司真的會如合約所寫地賠償給保戶，另外也會擔心，這家保險公司會不會倒，如果今天保險業務員，是你從沒聽過的保險公司，你會不會不放心，因此保險公司的品牌就在這裡，讓人覺得這個保險公司是安全可靠的，而品牌就是一種無形的資產。我們也經常耳聞可口可樂的品牌價值多少億美金、什麼品牌價值多少億美金，我想讓各位朋友了解的是，無形的價值，往往比有形的價值高出許多，甚至應該說是無限大。

親愛的朋友，聽到這裡，您可能會想說，老師，您說的這些道理我都懂，但我現在只是一個替老闆打工的上班族，我哪有這麼多錢，可以做進貨當商人，甚至經營品牌呢？

前一陣子，我有一位認識多年的朋友，他也是一位講師，因為當時他投資一個產業，花了不少錢，結果造成周轉有問題，他希望我借他二十萬，雖然不多，但也不少，於是我就向他提議，老實說，平常我們並沒有什麼來往，你有什麼抵押品可以給我抵押的嗎？

這位朋友跟我說，他並沒有任何抵押品可以提供給我，我又繼續問他，那我該如何說服我自己借你這筆錢呢？這位朋友跟我講，這幾年他在台灣各地演講，你也看到了，目前也算有些小小知名度，就憑著我×××三個字，我不可能為了這二十萬，毀了自己的未來，我聽完後，因為自己經濟能力還可以，所以最後答應借給他，當然這筆錢也可能真的要不回來，借了就要有要不回來的打算。親愛的朋友，個人要打造品牌來得比公司容易得多，甚至可以不花一毛錢。

　　再打個比方，我有一次請人家設計DM，2000元的設計費，製作出來後，我非常不滿意，後來朋友介紹我一位叫做Willy Yang的設計師，但他要價20000元，整整差上十倍的設計費，最後我決定還是花20000元給這位設計師做，因為朋友跟我說：康寶濃湯、威猛先生、7-11、高鐵、都是找這位設計師配合的。

　　同樣是設計，在作品還沒做出來之前，我也看不到，僅憑朋友的介紹與這位設計師過去的作品，我就決定多花十倍的價格，為什麼我願意多花十倍呢？因為我很想要一張很好的DM，這是我高度渴望的需求，所以我願意多花十倍，如果我沒有這個渴望，其實美術設計這種東西，我個人覺得是見仁見智，何必花價差比這麼大的。

　　說到這邊，不知道你有沒有發現，個人是可以輕易地做到品牌，並且品牌為個人帶來加乘效用，非常非常之大。這時候您可能會跟我說：老師，您說的這個案例，是因為這個設計師是設計康寶濃湯、威猛先生、7-11、高鐵，就算我是個設計師，我也不知道要如何才能接到這些知名品牌的案子，那我怎麼做我的品牌呢？別急，本書都會教你如何簡單、輕易地，一步一步幫助你做到。

　　我們都知道，現在的時代，叫做資本主義時代，我們不需要了解什麼叫做資本主義，只要你能夠認同，資源可以交換成錢，而你也聽過錢會生錢，「人兩隻腳、錢四隻腳」這個俗語，事實上我想說，這句話並不完整，正確的來說，應該說：錢只是資源的其中一種，而資源本身會生出更多的資源，只要用一些簡單的技巧，來讓你的資源生更多的資源，然後把資源換成錢，你自然就可以賺到錢，因為錢本身也是一種資源，所以說資源會生資源，這就是資本主義時代，有錢人會更有錢的原因。而大部分的人都忘了這個道理，都認為錢只能由工作來換取，這是最大的思考誤區。

以上我說的這些，只是想告訴你，金錢只是一種：「價值交換的物品之一」，或者也可以解釋為：「對方認為有價值的資源交換工具之一」。

所以賺錢之前，要先把錢忘掉，要先想，如何創造有價值的資源，當你有了有價值的資源後，如何再把這個資源用槓桿的借力方式來放大，再換成金錢，你就可以輕易地換到人生中的第一桶金。

為什麼老闆可以輕鬆賺錢，而員工就只能靠勞力賺錢呢？因為員工就是老闆的資源之一，你以為大公司賺的錢一定比小公司多嗎？這是非常不正確的想法，這只代表，這個老闆運用人力的資源比較多。如果今天有一個老闆運用其他很多的資源，而人力資源僅一點點，一樣可能10人的小公司，獲利遠超過100人公司，以我過去所經營的遊戲金幣為例，公司僅8個人，月淨利最高就可以高達500萬以上，這是很多100人以上的公司都還做不到的。

每個資源的背後可能也有相對應承擔的責任與風險，例如100人的公司，代表一個月應該要付300萬以上的工資，另外公司經營不善，還有遣散費與社會責任的風險。

你必須要能夠用最少的人力、資金，創造出最大的資源價值，事實上你擁有非常多有價值的東西，包括：你的人脈、專長、價值、經驗、領悟、策略、嗜好、系統、技巧、信用、品牌，只是你不知道而已，只要能夠挖掘自己的價值，價值就可以轉變為資源，這點在《網路印鈔術》一書裡，做了很多的說明，如果你還不清楚，我建議你可以去看看《網路印鈔術》。

② 致富祕密的關鍵鑰匙

什麼才是使這世界上最多人成功的原因？

　　親愛的朋友，到底什麼是致富祕密的關鍵鑰匙，這個答案是：**選對行業賺大錢。**

　　這句話看似簡單，人人都知道，但真正明白這句話精華，並真正有實踐過的人，卻是少之又少。

　　這個祕訣，在我的百萬級網路行銷的現場課程裡，正是破題第一課，在現場課程裡，我舉了數個親身經歷的經典案例，每個案例都非常精彩，以下將跟各位朋友分享其中最經典的一個案例：

　　我過去曾經營線上遊戲的虛擬金幣買賣，最好的一年，年淨利約5000萬台幣左右，營業額破億。

　　而我所經營的金幣買賣，有點像是仲介一樣，代收代賣，也因此我們必須要有金幣來源可以收貨，當時我公司的金幣來源是三千多位專業玩家，固定合作收幣。

　　而其中有一位玩家，身分只是國中生，但由於他供給的金幣數量龐大，導致我公司每個月都要給這位國中生約60萬新台幣。

　　我因此特地邀他來見面，並請教這位國中生如何能夠生產這麼多遊戲幣。

　　這位國中生告訴我：「我把遊戲幣賣給你們後，賺了一些錢，但這些錢，我也不知道要買什麼，因為喜歡玩電腦，於是把錢拿去買新電腦。買了電腦之後，爸媽就跑來問我怎麼會有錢買

電腦呢？不得已，只好吐露實情，我爸媽了解實情後，一開始擔憂，後來卻轉變為興奮，接著幾天，詢問非常多關於遊戲方面的問題，並要求我演練給他們看。

接著，爸媽竟向公司辭職了，並買了二十台電腦回家，爸媽跟我學習玩遊戲，當我的助手，後來又買了幾台電腦，因為我跟我父母三個人同時顧這二十幾台電腦，所以才有這麼多遊戲幣。

說完這個故事後，我在課程現場問大家：這位國中生，是否因為能力的關係，而月入**60萬**呢？

當年每個經營遊戲幣的競爭對手，只要有點小規模的，普遍月收入都在50萬以上，而除了這名國中生外，**還有多位高中生，大學生，許多月收入也都在十萬以上，並非個案。**

兩年多之後，遊戲幣市場經過一番惡劣的競爭後，很多遊戲幣的老闆都從50萬以上的收入掉到剩下連5萬都不到，而原本收入超過十萬以上的學生，後來也都賺不到錢了。

如果能力是最大關鍵的話，增加了兩年的經驗與能力後，應該更強才對，但怎麼會更強的能力，收入卻變成1/10呢？而且這不是個案，幾乎每個做遊戲幣的朋友都一樣如此。

每個產品都有一定的壽命與時機點，只要能夠踩到對的時機點，即使只有國高中學歷的學生，都有可能月入數十萬，當然能力較強的人，就可能是月入數百萬。

相反的，如果在不對的時機點，沒能力的人將遭市場淘汰，而有能力的人，也僅能夠賺點苟延殘喘的生存錢，只有極少數的超級強者，並兼具有天時地利人和，才有可能在這種艱困的時機點獲利。

　　我必須坦言，遊戲幣現今的市場，即使每天工作一、兩個小時以上且都不休假，能夠一個月有15萬以上收入的已經是能力非常頂級的人，而大部分的人都已經因市場競爭激烈，而被淘汰，因為這行業，普遍已經太難賺了。

　　在我現場課程裡，我還分享了我人生許多不同產業的親身經歷，但最後卻發現，不管任何行業都找到幾乎差不多的情況。

　　而這些情況，讓我發現……

✱ 致富祕密真正的關鍵鑰匙其實是：機運

　　大部分的人，之所以能夠賺到第一桶金，並非具備什麼能力，而是**運氣好**，大多數曾經成功的人，都是剛好選對產品與時機點，而造成當時的成功，因為有第一桶金的經驗，進而快速增加能力與自信，進而提升更大的能力。

　　你可以想想，媒體所報導過的成功故事，這些成功者對於過去的第一桶金所談的，是不是幾乎都說：那個時候這個產業真的很好賺，或當初運氣很好，發現了什麼×××。包含我自己也一直再講感謝老天爺，包括我個人也必須要坦誠，當初選遊戲幣這個行業而賺到大錢，這點實在是因為運氣太好。

　　大多數能夠持續成功的成功人士，最重要的成功關鍵，是因為他們曾經真正體驗成功過，唯有體驗到自己的成功然後再徹底失敗，較容易真正有機會，回想過去的成功因素，並檢討為何又失敗的原因。

　　經歷這些過程後，最容易領悟到成功真正的關鍵：選對產品與時機的眼光，想要獲得這項眼光能力，即使是看最棒的書或上最棒的課，都難以比擬的。

　　親愛的朋友，你可以仔細回想，你們看過或聽過的所有成功者報

導、成功者傳奇、成功者傳記⋯⋯等，是不是大部分幾乎都循著這個模式。

如果你還沒有真正成功過，那所有的知識、技巧、都只能夠幫助你加強能力，加速及放大你未來的成功。但卻絕對不是成功最重要的關鍵，因為想要成功致富最核心的第一步關鍵是：機運的降臨。

講到這裡，我猜你可能會問：老師，這樣說我以後是不是都不要上課及讀書了，那我來上老師的課程會有用嗎？

事實上，大部分的人都不會有中樂透的超級特等機運，另外機運是分層次的，絕大多數人都有小機運、中機運、高機運的出現，越大的機運層次，所出現的機率也就相對越低。

如果單單僅依靠機運的致富，絕大多數的人，只能夠賺取一桶小小金，用數字來表達的話，高一點的機運，可能只有10萬～100萬，我們暫且以100萬來舉例好了。

現代的社會，不知你是否同意，100萬能夠做的事情，真的太少了。更何況許多人，一輩子都可能都沒有100萬層級的機運。

而在還沒產生眼光這項能力前，能力最重要的功能，就是把100萬的機運，變成1000萬、1億、甚至10億以上，因此能力的功能：是為了把機運加速、放大，並延長成功的時間。

能力是具有相當可觀的加乘效果，如果沒有能力，要維持長久的成功是不太可能的，除非有超級特等機運的加持，但這種人太少數，本書不做探討。因此成功除了需要依賴機運外，書還是要閱讀、課還是得上，因為你必須依靠能力來使機運有機會做倍數的加乘。

講到這，我猜您又會問，那我是否只能很無奈地等待機運的降臨？難道沒有其他的方法？如果我就是那種向來都不會有好運的人，那該怎麼辦？

　　這方面，你可以去研究一些命理或佛法……等，因為我並不是命理、佛法的專家，所以我無法告訴你這方面的專業。但以我個人的領悟，命運的確可以透過一些方法改變，並大幅度提升你的機運。

　　這些年坊間流行的吸引力法則、祕密法則……等，其實早在明朝的袁了凡居士就已經完全領悟，並透過《了凡四訓》告訴後代，如果各位不曾了解過《了凡四訓》，我很建議你有空能夠去了解一下。

　　《了凡四訓》裡提到的，**積善去惡是絕對可以改變命運的**，積善比較容易解釋，而去惡的根本就是「知恥、知畏、知勇」，當然這並不容易，所以大多數的人並不易成功。

　　當機運來臨時，**大多數的人都會做成功必須要做的事情，但大多數的人最終卻不怎麼成功，會造成這樣的結果，主要原因通常是：做了更多不成功的事情，也就是所謂的「過」。**

　　雖然有機運的降臨，但因為太多的「過」，**除了可能使能力加乘效過降低，更甚者，機運帶來的不是獲得，而可能是徹底的毀滅。因此，如果沒有能力可以將機運駕馭得當的話，機運很可能帶來的並非好事，因此筆者也再一次提醒你能力的重要性。**

　　相信可能也有朋友想問，積善去惡的時間要好久，有沒有什麼確實可行的速成良方？

　　可行的速成良方的確存在，我個人也是利用這樣的良方來速成，但我必須要告訴您，這個速成良方的根本仍然是積善去惡之道。如果你想在短時間內速成，自然必須在短時間內做更多的付出，而這項良方，也被我視為**行銷最重要的根本，再來我將告訴你行銷祕密的關鍵鑰匙。**

3 行銷祕密的關鍵鑰匙

到底什麼是行銷祕密的關鍵鑰匙呢，這個答案就是：**捨得**

「**捨得**」就是先捨後得，這是最容易也是最快的行銷方程式，如果你願意懷抱捨得心胸，不計較，願意謙卑學習，願意先付出，不求回報，願意相信成功者的成功模式，願意追隨成功者的腳步，如果你真的同意這樣的觀念並願意去付出，那下一步只要跟已經成功的朋友廣結善緣，這樣成功借力的機會當然就大大提高了。

「捨得」換一個角度也可以說先替人家想。在不久以前，有一個強而有力的業務單位找上我，他想幫我販賣我公司底下的一個商品，我要先準備成本價值約30萬的貨品給他們，當在談拆帳的時候，對方問我說，願意給他們多少利潤，我跟他們說，大部分的利潤通通給他們，只要留給我他們淨利潤的10％零頭就好了，對方聽了之後有點訝異，怎麼會有這麼好的事情，於是他們大力的宣傳與推廣，其他他們代理經銷的商品幾乎都不動，全力主推我的，因為對他們來講，這個利潤太甜美了，朋友來問我，你就只取那麼一點，賣得再好，你也只賺10％，為什麼我會提出這種條件。

我跟朋友說，這就是我常講的捨得，今天這個業務單位，就是因為利潤夠甜美，所以他們願意全力推廣，還投入大量的廣告預算，讓我的商品可以賣給更多人，雖然我利潤少少，但還是有利潤，這是第一點，第二，這些商品賣得越多，合作夥伴廣告下得越大，相對的我們公司、商品的知名度就越高，這是很大的價值，未來如果我們又推出新升級產品的時候，我們就擁有更多的老客戶，可以請這些老客戶升級、回購，這是很大的利潤。大部分的人都太聰明，卻也算得太精，更忘記了跟你談合作的朋友也很聰明，這就是為何捨得才是最快

的行銷方程式。

以下這段話是我個人常講的「**捨得心法**」──

多數人都喜歡跟富有的人交朋友，不喜歡跟貧窮的人交朋友。金錢不多的人只要能做到「捨得」仍是富有的，金錢再多的人，若「捨不起」仍是貧窮的。捨得、捨得、有捨才有得，捨不了自然就得不到。懷抱捨得心胸，朋友就會喜歡你，並且都來幫助你，自然借力使力不費力，這時只要準備一場令人驚奇的表演，就很容易打開行銷之路。而你的心胸能包容多大，成就也就多大。

捨得最簡單的做法就是先幫助對方，而風險或成本可能全部或部分自行承擔或吸收。你雖然先幫助他人，但他人不一定會回報給您，你無法確定你捨了之後是否會有回報的，即使沒有回報，也不可以責怪對方，因為**捨得二字就是不求回報**，如果心裡想著對方的回報，那並非捨得模式，而是交易模式。

即使最後沒有任何回報，**因為無私與不計較**，只是單純的付出，**自然也就不存在風險的成立**，因此你必須要一開始就同意不求回報的心態。

捨得沒有回報是很正常的，但只要能正確運用四項關鍵技術，捨得將很容易使你成功借力使力，借力是一種致富最實用的槓桿原理，記得阿基米德所說的：「只要給我一個站立的地方和支撐點，還有一根夠長的木棒，我就能移動地球。」

借力將是世界上賺錢最快也最容易的致富之道，借力的這根木棒越長，能夠讓你產生的財富也越大，如能成功借力，將使你得到超越交易模式更多的驚人回報。但怎麼做才能夠輕易借力呢？最重要的關鍵心態就是我們以上所提的：捨得

以下我將告訴你如何利用捨得，並依靠四項借力的關鍵技術，來

成就不可思議的巨大收穫。

＊ 四項借力關鍵技術：認清自己、識人技術、提出方案、焦點重視

一、認清自己：

通常層級越高的成功者，需要的誠意跟捨得程度，自然也越高，而且**捨得還有另一項關鍵技術，就是你很難直接跨越太大的層級**，

因此，首先必須認清並承認自己的層級，以金錢來舉例的話，最簡單的判斷方式就是收入，如果你現在月收入是在3～7萬之間的話，你很難直接借到收入百萬朋友的力道，如果先跟15～35萬收入的朋友借力的話，比較容易，也比較實在。

當你自己到達15～35萬收入的層級後，就比較有機會借到50～150萬收入層級成功者的力道。依此類推，往上提升你的心胸與包容，**最後心胸的深廣將決定你最後的成就到哪個地步。**

為何需要先認清自己的層級呢？**在借力的過程中，你必須要先能找到與成功者的交集點**，如果你的付出，並不是對方需要的、想要的，那對他人而言，你的付出是完全沒有任何意義的。

所以認清自己，同時也表示要了解對方，如果你無法了解對方的話，你就無法知道對方需要的是什麼。一個朋友叫我給他介紹客戶，他請我吃飯，我對吃飯當然不會有興趣，所以就婉謝了他；另一個朋友叫我介紹客戶給他，他說分佣金給我，我聽了也沒多大興趣；另一個朋友對我說：「老師，你只要幫我散發這封信件，可以幫你帶來至少5萬的收入，不知道這樣的計畫，你有沒有興趣聽聽？」我還是沒興趣；又有一個朋友跟我講：「老師，你只要幫我散發這封信件，就可以幫你至少帶來100萬的收入」，我說：「我有興趣。」最後一個朋友

講：「老師，只要你給我機會聽聽看我的東西，雖然沒辦法賺多少錢，但我保證這項商品對你的學員能夠有效提升至少三倍的收入，」我說：「非常有興趣。」

以上這個故事，說明了你要能夠了解對方需要的是什麼，甚至這個人他最近一年最重視最想要達到的目標是什麼，如果你的提議對他的目標有所幫助，對方就很容易產生興趣，反而更容易與你達成合作協議。

二、識人技術：

有句話大家都知道，**人脈就是錢脈**，事實上，這句話並不完整，**人脈經常並不一定是錢脈，而是負債，唯有找到對的人才是錢脈，而人脈必須要雙方理念相同，並產生交集，才有意義，這就是所謂的物以類聚。**

而如何確認是對的人這項技術，我要特別感謝，我的恩師吳政宏顧問的指導，讓我了解這項技術，其實只要花點心力去關心一下對方的過去，看看**這個人是否有誠信、責任、愛心**、如果不是的話，這個人很可能是負債。

如果朋友真的幫助了你，你必須懂得感恩，懂得歸功於對方，懂得回饋，若未來與這個朋友，有任何的誤會或不好的機緣，而讓你認為朋友對你有所虧欠，也不要去責怪對方，畢竟他曾經幫助過你，其實這只是緣分已盡，這樣做同時也幫助你：留一點名聲給人探聽你的做人處事。

三、提出方案：

除了識人技術以外，你還必須要了解你的朋友，他最近的目標是什麼，他所欠缺的是什麼，每一個人都希望更好，都會有需求與欲求，如果你直接跟他介紹你的產品，他很可能不感興趣，所以你必須

要先了解對方到底有什麼目標、需求、欲求、渴望，每個人都喜歡講自己的目標，如果他不知道自己的目標的話，你可以跟他一起共同討論，幫助他建立自己的目標，這樣他除了更信任你以外，也可以透過你跟他訂定的共同目標中，找到他想要達到的目標。

你也可以問對方，最近有沒有什麼煩惱的事情，從這邊也可以知道對方想要解決什麼問題，當你知道對方的需要以後，你必須建立一個方案，因為透過方案，你才能夠真正對他產生貢獻與價值，你幫了對方，對方自然也會想回饋來幫你，只要你提出方案，並將方案漂亮完成，那就會在最短的時間內，對你產生最大的信任度，有一點要注意的是，這個方案，必須要能夠讓對方感受到：你並不是要賺他的錢，否則對方會以為你要銷售東西給他，反而變得不信任你。

四、焦點重視：

每個朋友能夠對你產生的交集點都不同，就算想要，也很難對每位朋友同等捨得地對待，對於那些對你有可能產生最大幫助性的朋友，你必須盡量提供更高程度的捨得。

＊ 我到底是如何快速崛起的借力祕訣實例

雖然我是個顧問，以鐘點費提供客戶諮詢是我收入的來源之一，但當朋友希望我替他的公司想想行銷對策時，在時間許可的情況下，我會盡量接受其邀約，並為這位朋友免費提供策略與諮詢。

這是捨我的時間與專業，這時候並不一定能夠互相有交集點，在交集點還沒出來之前，我最多的捨，通常也只能夠是提供時間與智慧給朋友。

但如果在互動過程中，能夠因此找到交集點，進而產生合作的機會，這時候我就會提供更大的捨，例如：主動承擔更多的風險、主動

給予更大的利益。

我有些**公眾人物、黃金族群的朋友**，對待這類的朋友，雖然一開始結緣時，還無法產生交集點，但為了未來能夠有更深一層與其互動的機會，通常我會向對方主動提出能夠幫助對方的可行方案，而這項方案很可能是我的收費項目，甚至對我有一定程度的現實金額成本，而我可能完全自行吸收成本，也就是**做大幅度的捨**，因為**這樣做，一方面能夠讓我有更多的機會與其互動，另一方面更是展示自我專業的大好機會**，如果黃金族群的人脈可以認同你，並能夠跟你成為好友，那你將**有機會快速大幅度地往上躍升**。

你可以試想，如果這個人是SONY老闆，如果能夠有機會互動，進而使其欣賞與信任，某天他需要個可信任的人，來帶領某項新業務，苦惱找不到人才，這時他想到了你，這是不是一個快速大幅度向上攀升的機會呢？

可能你又會詢問，萬一投資這麼大，最終卻沒有回報，那豈不是賠慘了。如果你現在還會想到這個問題，就表示你還不了解捨得之道，還循著大多數人的交易模式之道。

交朋友本來就不求什麼？能夠交到黃金族群的朋友，本身就是一種難得的機遇，光向對方學習可能就值回票價了，另外還能夠有機會對黃金人脈的朋友幫助，本身就是一種榮耀，一種成功案例，還求什麼呢？

沒有回報本來就是正常的。但沒有產生回報也很困難，如你能持續並且能夠長時間與其保持聯絡與互動，要產生交集點，通常只是時間的問題。

一個人能夠有幾位值得信任的朋友呢？可信任的人才，對頂級人脈來講，是永遠都在缺。當然要取得黃金人脈層次的信任，所要付出

的誠意與時間，本來就會大一點，久一些。這個時間也可能是一年、三年，甚至更久。

如果你覺得這個時間太久的話，你可以這樣想，這種能夠快速大幅向上攀升的大機遇，本來就不屬於自己，而現在卻有了機會。

我個人也因為運用這樣的借力技巧，而使自己的收入快速向上攀爬，當我達到一定程度的成功時，這時候只要展示自己的成功案例，朋友就更加容易信任你，包括陌生人對你的信任時間，也將大幅度縮短，這樣會使你快速產生更多更大的機運。

我個人曾經因為一下子太多機運迅速而來，因為很希望能夠盡力幫助每位朋友，因此對朋友做其承諾，當時的我，一方面不懂得拒絕，另一方面自己也貪心地希望能夠服務更多人，所以在短時間內承諾了多位朋友，但事後才發現，自己的時間與能力實在有限，最後導致那段時期的朋友，原本很可能都是我的貴人，卻因為期待轉變成失望，也失去了這群朋友的信任。

這件事情，讓我深刻體會到，當一個人有一定程度的成功後，很多機運都會自動跑到你身上，這時如果自己的能力不足以駕馭太多的機運，必須要學會挑選、拒絕，否則，不但這些機運會很快離你而去，未來將更難取得同一位朋友的再度信任，很快的，你的壞名聲也會在公共關係圈內打開，這個代價是相當昂貴的。

我看過很多朋友曾經跟我犯同樣的錯，以致快速崛起，也快速殞落，因為壞名聲已經在公共關係圈內傳遍，因此未來更難以重新東山再起，這也是我一再強調，一定要讓自己有能力掌握機運，否則機運很可能帶來短暫成功背後看不見的超級地雷。

我們現在已經知道，行銷是最快速賺錢的方法，然而我們是否要去學習更多的行銷知識呢？

在此我要跟你講一個我可能會被全天下行銷學權威批評的一項建議，千萬不要單獨只學傳統的行銷學，因為傳統行銷學的來源是根據大企業的模式所設計出來的，並不是針對個人或中小企業所架構的，在資源不足的情況下，傳統行銷學不但幫不了你，更常見的情況下，可能會誤導你，讓你進入行銷的誤區。

最後，在本章即將結束之前讓我們快速復習一下，你學到了什麼？

1. 了解錢的本質與流向。
2. 了解了資本主義時代，錢滾錢的累積資產方式，也就是投資。
3. 了解最快的行銷方式，就是捨得，而行銷講白一點就是資源的槓桿原理。
4. 投資與行銷兩種交叉使用就是賺錢最快速的方法。
5. 一切的財富都是資源互換的結果，能捨才有得。
6. 瞭解了四項關鍵槓桿的借力技術：認清自己、識人技術、提出方案、焦點重視。

看到這裡，你應該知道了最快速的致富祕密，那你是否就能夠從此就利用這些祕訣，進而成功呢？事實上，我知道這很難，因為即使了解了這些祕訣，都還處於假性知道的過程，所謂的假性知道，最簡單的解釋就是還沒有去真正實踐過，大多數的人們都會說：你說的這些我早就知道了。或者你講得很棒，但我聽完還是不知道該怎麼做。

因為光知道是沒有用的，如果知識技巧，不能夠轉化為行動進而悟道的話，是無法得到這項能力的，因此從下一章開始，我將會開始告訴你方法。

～PART 3～
案例展示篇

You Can Make Money with Internet Marketing

Internet Marketing

chapter 8

魚池致富術

　　大部分的讀者，看完了《網路印鈔術》後，跟我說：這本書真的很棒，開啟了網路行銷完全不同的觀點，原來獲取流量是這麼容易，但是書中的案例大多是國外的案例，有沒有更落實簡單的案例、到底該如何進行第一步、我該怎麼做……等諸多的疑問，但這一切都不要緊，因為在這個章節，我將告訴你所有問題的根本，讓你不再有任何疑問。

　　其實處處都是案例，但是不好找，因為這些都是各企業的賺錢武器，一般是不會公佈出來的。

　　學員又問我：「老師，那你可不可以舉自己的教學招生行銷案例呢？」

　　「魚池致富術」的方法雖然簡單，但如果沒有詳細的案例經過來做參照，很多人還是不知道該怎麼做，對多數企業來講，有效的商業模式一向是最高機密，因為擔心被競爭對手知道你的商業策略，予以模仿與競爭，所以，沒有人想要公開自己的真實案例。

　　對我當然也不例外，當時我婉拒了那位學生，但心裡卻一直覺得遺憾，直至截稿日期即將到期前，我決定公開自己魚池操作的實際案例，讓讀者能徹底瞭解魚池致富術的真正威力與實踐過程。

1 名單真正的價值

在2011年1月，國內知名的林星涿老師、許凱迪老師與我三人共同做了一次空前的合作，這項合作是這樣的：

- 我：負責發送新聞稿，與帆達淘金術電子報課程內容撰寫。
- 林星涿：負責自動財富系統電子報課程內容撰寫，及相關文案統籌。
- 許凱迪：負責FB社群網站的萬人粉絲炒作，及一連串的相關曝光。

當我們決定合作後，約花三天的時間，做好了魚餌頁面，然後就開始發送新聞稿與利用FB社群進行曝光，經過了十天左右的時間，這十天中，我們也做好了相關的魚餌頁面、銷售頁面、電子報，利用Email追客系統發送電子報。

這十天在帆達淘金術+自動財富總共約有2700位網友留下註冊資料，如下圖：

在Email追客系統後，我們準備了五封信：（如下頁圖所示）

編號	任務名稱	附檔	間隔	最後發送時間	狀態	應發人數	實發人數
1	最簡單的網路賺錢法，如何建立你的被動收入？(		0天	2011-01-20 12:00:02	✓	2472	2540
2	網路創業關鍵三件事，如何只花2年賺別人7年賺□□		1天	2011-01-20 12:01:50	✓	2376	2479
3	免費網創課程，『零資金無風險網路創業法』 PDF		2天	2011-01-20 11:04:52	✓	2256	2396
4	如何一個小時學會用3000元建立你的網站？極速網		2天	2011-01-20 03:09:34	✓	2232	2306
5	你也想知道如何開始第一步嗎？		2天	2011-01-19 06:16:48	✓	2209	2279

從註冊起算，到收到第五封信的時間，總共是七天，七天後，客戶就會收到第五封信，而前四封EMAIL，都是為了打造信任度，而第五封信則是介紹星泓老師的一個線上函授課程，這個課程的價格是新台幣：21870元

這一波銷售活動結束後，總共有68位網友購買了這套函授課程，也就是營業額為21870×68＝148萬元

148萬元除以2700張名單＝每張名單相當價值為：548元

親愛的朋友，你瞭解以上這個案例所代表的含意了嗎？

意思就是我們總共有2700位網友，想要索取我們所寫的免費電子報，而最後總共成交了新台幣148萬元，所以我們用148萬除以2700位網友，意思就是，平均每一位網友註冊，不論有沒有成交，對我們來說相當於就產生了548元的營業額。

你是否曾經想過，一張名單就能產生高達500元以上的價值。

如果你正在為一張名單價值竟高達500元以上而訝異，請先等等，因為事實上還沒完，因為這只是個開始。

在2011年3月27日，我去到廣州找王紫杰老師，參加他一個懶富學的課程，由於這堂課程要現場完成業績，我對大陸流量並不熟悉，但又礙於顏面，因此緊急發了一封信件給這2700位網友，說我將在晚上

八點，進行線上YY演講，下午五點鐘發送晚上8點的演講，另外台灣人大多不知道什麼是YY，但即使如此，最後演講完畢後，賣王紫杰老師的一套懶富學DVD+書籍，最後還是成交了42位，而我個人也取得了約3萬人民幣的佣金（約15萬新台幣），從推廣流量、寫文案、再透過線上語音銷售，總共不到4個小時就完成全部，當然這只是一個小插曲。

在廣州上課的頒獎照片

在2011年3月初的時候，收到一位北京知名的行銷專家，劉克亞老師的課程訊息，他的課程價格是三天3萬人民幣，每人學費約為15萬台幣（不含吃、住宿、機票），我與劉克亞老師合作推廣此課程，當初的2700筆名單已經提升至3300筆名單左右，而這次推廣總共有8位台灣朋友跟我共同一起到北京上課，營業額總共是3萬×8位＝24萬人民幣＝近120萬台幣。

　　而這120萬台幣的營業額，我總共只做了一件事情，就是寫了一封信，並把這封信發給這3300筆名單，相當於每筆名單又創造出了363元的價值。

北京劉克亞老師與台灣學員合照的畫面

　　在2011年7月9日，我發表了一場一天的跨雲端行銷的發表會，發表會的每位門票價格是新台幣：32000元，這次我們不只應用這些名單推廣，但光這3300筆名單，又有39位網友參加此發表會，也就是32000元×39人=124萬

　　這些名單又創造出：124萬/3300筆名單=375元

　　還有在2011年11月~2012年12月全年的百萬級網路行銷2.0課程……

　　2012年3月幫跨雲端學員：著迷推廣文案的課程……

2012年5月毛俊程老師的引導銷售DVD課程推廣⋯⋯

2012年6月的幫百萬2學員：推廣暗黑破壞神3的線上遊戲賺錢班⋯⋯

2012⋯⋯2013⋯⋯2014⋯⋯2015⋯⋯2016⋯⋯這些這些名單都還持續在提高價值。

平均每筆名單所創造出來的累計價值，早就遠遠超過新台幣1500元以上。

名單很多嗎？這個案例我所展示的，直至現今，此合作案至今不過僅有4300位網友的名單，講到這邊可能又有朋友有疑問：「老師，當初您有跟星泫老師、凱迪老師共同合作，才有那2700筆名單，那我現在什麼都沒有，怎麼賺錢呢？」

若以關鍵字廣告的模式獲取名單，根據統計，一個好的註冊頁面，要有20％以上的名單獲取率是相當容易的，假定你購買關鍵字廣告，每個廣告成本為新台幣10元，每5個人就有一個人願意註冊，也就是相當於50元可以換得一個註冊，而我以上的案例，早已遠超2000元，這樣你還擔心花廣告費嗎？

你可能還想問，那有沒有不花錢的方法就可以獲取名單呢？如果看到這裡，你還有這個問題，我建議您將本書重新再讀幾遍，本書在前幾個章節已經告訴你無數的獲取名單的方法，隨便一個方法，要達到幾千筆名單都是很簡單的事情，重點不在於你知不知道怎麼做，而是有沒有開始行動。

2 高信任度的魚池養成術

老師：「如果每一筆名單能夠價值1500元以上，那我可不可以去社交場所，拚命地交換名片，然後也跟老師您一樣，一有相關的課

程，就發信給他們，賺取佣金，這樣我就可以快速賺錢了。」

我回答：「如果你願意這樣想、這樣做，我必須要鼓勵你，真的很有行動力，可是，我必須要告訴你，這樣做的效果，你很難將一張名單的價值發揮到價值150元以上。」

學員不解地問：「為什麼？」

我回答：「還記得我們所說的嗎？名單的價值取決於信任，所以如果你的名單對你沒有足夠的信任度，那名單價值將很難有效持續發酵。」

「老師，那信任到底該怎麼做呢？」

我回答：「持續的溝通並同時給予價值。」

如果你有一位朋友，每次見到你，都只想要賣東西給你，那你會不會很討厭這個朋友，希望最好不要再遇見他呢？無庸置疑，大部分的人，肯定不喜歡這種朋友。

如果你想跟名單持續提現，就必須要懂得何謂：「持續的溝通並同時給予價值。」

如果你每次遇見朋友都想賣東西給他，那朋友當然就會不喜歡你，相對的，如果你每次遇見朋友都只想給予朋友價值，那朋友當然就會喜歡你。

銷售的本質是建立在這個人喜歡你，信任你，而要讓對方喜歡你、信任你最容易的做法，就是不斷地給予對方喜歡的好處，這個好處也包括所需的資訊。

✳ 篩選

在此我要請你記住：找到**高度渴望**的人，並給予他所渴望的資訊，是建立名單價值的第一步，也是最重要的一步。

　　我們每天都接觸到無數的資訊，只要你認為跟你沒有關係的，再好的資訊，都會被人們視為垃圾，打個比方來說：每個人都知道健康很重要，但誰才會高度渴望健康呢？

　　大多數三十歲以下的年輕人，身體大多沒出過什麼大毛病，如果你跟他講健康很重要，他會同意，但他很難真切感受到，也沒有急迫感，所以這時候你給他很好的健康資訊，對他來說，並不具備很高的價值，甚至有可能認為你只是告訴他垃圾資訊、或老生常談的大道理。

　　所以當你決定提供什麼資訊後，對這方面資訊有高度渴望的族群，那你未來給予他的知識、資訊、試用品，也才相對能夠發揮出高度價值。

　　如果你是要賣對糖尿病病患有幫助的產品，而你卻提出註冊個人資料送電影票這樣的誘餌，這樣得來的名單，你覺得有價值嗎？會索取電影票的朋友，大多數應該都沒有患糖尿病，這樣的名單當然不具備任何價值。

　　事實上創建名單的第一步，就是在篩選，把不適合的名單剔除掉，留下的才會是有價值的名單，所以當我們要網友，留下他的資料的時候，同時也是設立門檻做篩選剔除的時機。

　　舉例來說：如果你提供的是保養品的試用品，你覺得誰需要保養品呢，很多朋友可能會說，每一個想要保養肌膚的人都需要，NO，這樣太廣泛了。贈送試用品是需要成本的，除了本身的成本外，也需要郵寄成本，所以你必須要給最精準的族群，才不會白白浪費你的成本。

　　你的產品一定有一些特色，才會吸引人們購買，而購買你商品的人們，一定有些共通點，你必須去觀察這些客戶的共通點，並設法把

他們找出來，因為這些人才是最有可能購買你商品的人，假設你大多數的客戶是20歲～30歲的女性、喜歡看日韓劇，這時候你就可以辦一個活動，調查20～30歲的女性朋友，喜歡的日韓偶像是誰，對於那些接受調查者，贈送你的保養試用品。

明白了嗎？這就是最有價值名單的第一步。

你可能會說：「老師，我是賣女裝的，每一個女性都可能買我的女裝啊，這可沒辦法給試用品，總不能減一塊布給他們吧，更重要的是買我的女裝的客戶，只要是女人都可能會買啊！！」

如果這樣想，就又進入了思考的誤區了，即使是衣服，也是可以找出共通點，雖然衣服無法給試用品，但可以寄送相關的款式與優惠資訊，只要你寄給消費者的款式風格，是他們喜歡的風格，他們就會想要接受這方面的資訊。

舉個例子來說：你的女裝是偏向淑女系、還是公主系、粉領族、龐克族、潮T族……，你銷售的女裝一定有固定的風格與方向，所以你的客戶共通點，就可以從這方向去尋找，以龐克族為例，這些人可能年紀比較年輕、偏中性、喜歡機車、搖滾樂，高度渴望表現自我……。在你知道你的客戶對象是誰之後，再去找出客戶可能感興趣的項目，並一一列出，再從這些項目裡去設計活動，這樣你最精準的客戶看到你的活動就會留下名單，對你的活動沒興趣的，自然也不會成為你的客戶。

如果你是銷售嬰兒用品的，在網路上你可以舉辦寶寶自拍活動的比賽，每個媽媽都喜歡秀自己的寶寶，並提供禮物給前三名，這樣一來，每個媽媽為了讓自己的小孩得票最高，還會拚命去拉票，活動業者就得到更多話題傳播，有些介紹來的朋友，自己可能也是媽媽，也有小孩，看到了這樣的活動，自己也來參加，進而又得到更多的名

單。

　　找出你客戶的共通點，然後去想他們在乎什麼、關注什麼、然後依照他們的需求，舉辦相關的活動與資訊，會留下名單的人就是擁有高度渴望需求的名單，這也就表示你的魚池活躍度非常高。

　　基本上你給他們多好的內容並不是首要的，首要的是找對人，人對了，給的內容人們才會有興趣閱讀，人不對，再好的資訊，成為垃圾信的機率是超過99％。

＊ 價值銷售

　　當你經過篩選找到高度需求族群的人們以後，你如何讓人們持續購買？

　　如果你只想對魚池的人們賣產品，他們一定會知道你的想法，這是很難避免的，心態是最關鍵的一環，唯有心態正確，才能夠讓你魚池的人們感受到，你是真正的想要幫助他們，而非只是想賣他們產品。

　　我個人賣過很多商品，但我所賣的每一項商品，我自己都非常喜歡，自己都很想要買，因為自己都很愛，所以我推薦給我魚池裡的人群，我的心態並不是銷售商品給他們，我的心態是分享一份所愛給他們，進而也幫助他們能夠更加快速成功或達到客戶想要的目標，這是必須要有的心態，如果你自己都不喜歡這項商品，卻還推銷給你的朋友，朋友都很容易感受得到，更何況只是透過發信給對方。

　　所以你的心態必須要先導正，你要清楚地知道，你不僅僅是為了賺錢而推銷商品，反而賺錢是順帶的，你必須要用分享的心態，告知你魚池裡的網友，為什麼這項商品你會推薦，為什麼這項商品是好康。

　　你對你的魚池做銷售時，就要去站在魚池裡人們的心態上去設想，你要小心地評量，你給予的這個商品，或者資訊，是否的確是這個族群需要的，並且小心檢視你所要銷售的商品，其功效是否如你所宣稱，如果不是的話，你雖然能賺到一次的錢，卻可能破壞了更寶貴的資產、信任。

　　即便你擁有正確的心態，但多數網友還是會認為你只是在銷售，因為這時候還欠缺最重要的一環，你給予什麼價值，讓網友願意來信任你。

　　每個人都有夢想，只要有夢想，就會不滿足，因為還沒有實現目標，還沒有達到夢想，所以才稱為夢想，胖的人想要變瘦，沒錢的人想要變有錢，有錢的人想要變得更有錢，每個人都不滿足現狀，每個人都渴望達到夢想，為了達到夢想，就會瞭解如何達到夢想的方法，而因為人們渴望瞭解，如果你剛好有這個方法的話，你就給予這個方法，那人們就會願意拿錢跟你交換，我們稱之為成交。

　　可是人們在成交之前，並不會輕易相信只要購買了商家所提供的商品，就能夠完成他們的夢想，所以商家必須要描繪，描繪出只要購買產品，就能夠完成夢想的畫面給消費者，以增加消費者的信賴，例如你曾經看到的廣告內容，見證、講述產品功效……等等，都是如此，但隨著資訊化的普及，人們越來越不相信商家的描繪。

　　例如，所有的老闆都同意買廣告，可以增加曝光率，增加了曝光率，就可以增加成交率，那為什麼老闆不買廣告，因為老闆不能肯定，買這個廣告所增加的業績，是不是划算，是不是有效，如果划算，這個老闆就會認為有效，如果不划算，這個老闆就會擔心無效。

　　而在沒有見過面的網路上更是如此，所以我們在銷售之前，必須要先幫助我們的準客戶，也就是進行**培育信任**的動作。

　　假如商家告訴你，只要購買一個課程之後，就可以幫助你解決問題，完成夢想，這時候大多數的人們，都會抱持著合理懷疑的態度，有些人甚至對自己是否能夠完成夢想，也產生懷疑。

　　但假如商家告訴你：成功必須分階段、分步驟的切開，並說明如何檢視自己目前正屬於哪一個階段，那人們就能夠知道自己的現況，只要再通過哪些步驟，就可以距離他渴望的夢想目標越來越近。

　　大多數的人們，雖然渴望夢想，但往往不知道如何實踐，因此不去實踐，如果他能夠知道方法，並且知道自己現況在哪個階段，及如何走到下個步驟，他就會提高渴望想要走到下一個步驟。

　　如果你提出一個要求，免費幫助他達到下一個階段，他也真的走到下一個階段了，那他就會更加信任自己能夠達到目標，對夢想的渴望也會更加強烈，隨著你無私的分享，一次又一次地免費幫助他，那他對你也會更加信任，這也就是所謂的價值銷售。

　　價值銷售到底要如何運作，才最容易做到呢？

　　首先你可以對你的名單做一次詢問，詢問他們最渴望的夢想與實現夢想的障礙到底是什麼，然後你根據這方面來回答，你也根據這方面來設計你的商品，並且將這樣的商品，可以用免費、低價、中價、高價、分階段銷售給所需的人們，這樣聽起來可能還是有點困難，以下我將用一個案例來說明：

我在2009年7月的時候，曾經開過一班百萬級網路行銷學，也算是我第一次最完整的網路行銷知識的發表，這一場網路行銷技術的發表，發佈了許多不為人知的技術，震撼了整個網路行銷界，現在在網路上的成功者，有許多都曾經是這一場課程的學員之一。

　　三年過去了，市場上出現了一些人，宣稱只有自己的網路行銷方法才是有效的，為此，我也特別去瞭解一下，這些人所說的網路行銷方法，到底是什麼，深入瞭解後，發現這些方法有許多竟然是我三年前所教的一些方法，並且自以為是地將一些方法做了修改，誤以為這樣威力更強，實在令人啼笑皆非。

　　一些有心學習網路行銷的朋友，因為做了錯誤的學習，導致事後覺得效果不佳，感覺受騙，因此以為網路行銷無效、騙人、導致很多想學網路行銷的朋友，也跟著被誤導，對此，我不僅生氣，也非常難過。

　　有許多網路行銷的技巧，最初是我所發表出來，在這些人的變相教學後，我不但沒有打擊這些人，反而選擇縱容姑息了這些人，使得許多人被誤導、受害，對此我深感愧疚。

　　但值得欣慰的是，我看到一些網路行銷同業，雖然同樣遇到市場上惡意競爭同行的污衊，但仍然選擇不斷內化自己，提升課程品質，做更聚焦的鑽研，為此則感到慶幸。

　　在過去，如果你想知道我的訊息，可能必須要參與我的現場

課程，但我的現場培訓價格往往屬於市場高端，使得很多人可能沒有機會來參與到，也因此才會讓這些人有機可趁，為此，我成立了一個網站http://www.satisfied.com.tw。

　　未來除了持續現場培訓以外，我將免費公佈許多有效的網路行銷技巧，以及製作單價較低的影片教學DVD，但為了確保我所教學的方向是真正對你有幫助的的，我有一個小小的請求，請你在我的網站裡，告訴我今年你最想要達成的目標是什麼，要達成這個目標最大的障礙是什麼？

　　為了使整個網路行銷界更好，也為了我確實能夠幫到你，我需要聽到你的聲音，請你立刻到http://www.satisfied.com.tw的留言板來，留下你的目標與障礙，我保證我會親自閱讀所有的留言，並盡我最大能力來幫助你。

　　親愛的朋友，以上短短的一席話，除了是範例以外，也是我的真心話，歡迎你到我的網站上留言，從以上這段話，你看到了什麼呢？

　　你對於你的族群粉絲，是只想要賺他們的錢，還是真心想要幫助他們？

　　你是否有真心想要幫助你的粉絲的決心與勇氣？

　　所以正確心態的第一個層面是分享，更高一層則是幫助你的族群。

　　你如果非常渴望地想要幫助你魚池裡的朋友，這些朋友才會感受到你的真心誠意，不論有沒有買單，你都願意來幫助他們，今天不買

單，是因為對你的信任還不足夠，但經過你一次又一次無私的分享，協助他們邁向夢想，他們就更信任你，也就更願意來購買你所介紹的商品。

有學員跟我講：「老師，你講得很好，可是我並沒有像你一樣有這樣的能力、知識、技能……等，可以寫書、出DVD、開課程……。」

當然你現在可能一開始沒有很多的資訊可以提供，那你可以先建立免費資訊，跟你的主要商品這兩種資訊，慢慢地再製作更多元的資訊即可。

事實上這個問題根本不存在，因為之所以會有這樣疑問的朋友，通常都還沒有屬於自己的魚池，如果已經有屬於自己魚池的朋友，而網友之所以願意留下資料給你，一定是你有承諾提供什麼樣的資訊給網友，而只要努力把這部分的資訊給做好，就是最好的第一步。

世界第一的潛能激發大師，安東尼・羅賓說：「一切達成目標的資源早已在你的體內！你必須要有強烈的渴望，因為你渴望的程度，是你能力唯一真正的限制！」

如果你真的願意去付出，在執行過程中如果遇到障礙，還記得我剛剛所講的嗎？請你來到我的網站留言，告訴我今年你最想要達成的目標是什麼，要達成這個目標最大的障礙是什麼？

3 最快致富的捷徑

我在年輕的時候，曾經聽過：只要付出一定程度的努力加上正確的方法，致富其實並不難，只是大多數的人，並不願意相信自己能夠做到，因此也不願意為此付出，致富的捷徑，其實就只有一種：把別人口袋裡的錢，變到自己的口袋。

只要你能為別人創造價值，那別人就願意把錢心甘情願地掏給你，人們之所以會買一個商品，是因為人們相信這個商品可以為他創造價值，人們之所以會買一支股票，是因為人們相信這個股票的價值，老闆之所以會雇用一位員工，是因為老闆相信這位員工能夠為公司帶來的效益，大於他的薪水。市面上通常把這樣的方式稱為銷售，只要能夠學會銷售，財富之路自然為你而開。

我學習了我所能學到的各種銷售方式，也非常努力再努力地實踐，幾年過去了，我發現商品還是很難賣，做了一百次的陌生開發，經常連一次成交都沒有，好不容易這個月成交多一點，下個月可能又不順利，難以累積過去的努力，因此，我不得不對銷售能夠致富產生了質疑。

我努力觀察那些成功成為超級業務員的專家，我發現成功的業務員，幾乎都不做陌生開發，成功的超級業務員都在努力建立個人品牌、利用客戶轉介紹，找到正確的族群、擁有名單，這些都是行銷的領域。

的確是有陌生開發能力很強的天才銷售員，但是少之又少，十萬人裡面，可能連一個都不到，那些成功者都是個案，難以學習與模仿。但許多銷售能力還可以，但善用行銷能力而成為超級業務員的案例，卻俯拾皆是，這也表示要成為銷售高手，不能僅靠銷售能力，而要學習行銷能力，行銷能力是可以比較輕易讓人學習模仿而成功的。

我知道了行銷的重要性後，我努力學習並實踐好幾年，幾年後，我得到了豐碩的回報，但在這幾年裡，我也走了很多的冤枉路，因為市面上大部分的行銷課程與書籍，都是教大企業的行銷方式，而這些方式往往行銷預算動輒數千萬，少的也要上百萬，並不適合個人及中小企業，因此我也繞了一大圈彎路。

　　我的成長環境並不富裕，更坦白的說，應該算是蠻貧困的，當我事業有些成就後，就很希望，運用我的智慧，幫助每個人都能夠利用行銷來達到致富，讓更多想要成功的朋友，不用跟我一樣，繞了那麼一大圈的彎路。

　　而多年的研究，讓我發現致富真的有捷徑，這個捷徑，不但快速，而且只要願意做，人人都能學習、模仿而成功。

　　如果你有任何問題，最好不要自己想，因為問題是你造成，你一定找不到答案。

　　我有一個朋友叫做郭育志，十幾年前的他，在賣一套課程，當時的他並不快樂。有個朋友來找他，問他為什麼不快樂？郭育志告訴他朋友他說：他所銷售的課程，都賣不掉，因為賣不掉，所以賺不到錢，因為沒有錢，所以不快樂！郭育志請教他朋友有沒有什麼方法能賣掉商品？

　　他朋友告訴他：「學校的功課不會讓你成功，只是不讓你失敗而已！去外面上課，借重別人成功的智慧。」郭育志覺得很有道理，所以就開始到處學習、到處上課，幾年後就變成知名的溝通專家。

　　我再強調一次，如果你有任何問題，最好不要自己想，因為問題是你造成，你一定找不到答案。

　　我從事網路行銷行業多年，總是需要開發一些系統程式，我有技術資深的網路工程師夥伴，但程式系統領域範圍很廣泛，有許多時候，我的夥伴都還會遇上技術上的難關，經常花上一個月以上的時間研究，可能都無法解決，我個人並不懂如何撰寫程式，每當夥伴花了許多時間仍無法解決時，當他告訴我後，往往我在1小時~36小時之內，就幫他解決難關，一個不懂程式的人，到底是怎麼做到的呢？

　　我先向工程師問清楚，大概是什麼樣的技術，什麼樣的難關無法

突破，然後我就上網去尋找這方面的技術專家，我直接向他們請教，請他們協助解決，有時候，一個月做不到的事情，在這領域的專家高手裡，可能幾分鐘就解決了，當然你可能會問，為什麼這些專家高手要來幫我，我除了請求專家幫忙解決外，也會提供一定程度的誘因，比如說紅包，作為感謝犒賞。

在這些專家可能是幾分鐘的事情，而一位資深工程師的薪資，至少五萬以上起跳，一個月的付出，對企業來講，至少等於成本要七萬以上，而我往往請求專家協助，只要請吃一頓飯作為感謝，加上幾千元的紅包，就可以解決，也認識彼此，對方能夠幫助到你，貢獻所長，也感到很開心，何樂而不為。對公司來講除了更節省成本外，也是讓系統開發更迅速順利。尤其商業行為上，往往可能因為速度太慢，商機就過了。

你猜到了嗎？致富最快的捷徑就是：**借重別人的智慧。**

更完整來說，尋找到已經有能力、有經驗解決這方面問題的專家，跟對方交朋友，請對方幫忙，讓他願意幫助你，當然要給予回饋與好處，好處並不僅僅於金錢，有時候更是一份關心，有關心才會創造關係，有關係才會好說話，現在網路發達，大部分的情況，只需要花上幾個小時上網找，都可以找到你所需要的領域專家。

人天生有一個最佳解決問題的工具，但這個工具卻被慢慢遺忘，**你可以用你的嘴巴去詢問，或用你的手寫MAIL告知朋友，我遇到什麼樣的困難，希望大家能夠給你幫助或意見，去創造提供他人幫忙你的機會，**而現代的大多數人，好像不太希望能夠提供給別人這種機會，好像會覺得欠人家，人們**都希望人家主動，而非自己主動。**

現代的鄰居間很少主動打招呼，你不妨做個實驗看看，當你下次遇到你的鄰居時，就跟他主動打招呼：我是住三樓的，很高興認識

你。下次在見到他時，一樣主動跟他打招呼：你今天氣色好好，是不是有什麼喜事。你主動對他打個三～五次的招呼後，假如有一天你心情不是很好，忘記跟他打招呼，他反而會來主動關心你：「怎麼了，看你今天沒什麼精神，有沒有需要幫忙的呢？」

　　平常跟人建立好一點點主動的關心，當你需要幫忙時，對方就會也想要關心你，在工作上、商業上也是如此，**平常對一些商業夥伴付出一些關懷，當你有需要人家幫忙的時候，人家也會想要來幫你，如果你不再繼續關心A，那最終將會失去A**，即使是百年修得的夫妻緣，也是如此，何況是其他人。

　　可能有朋友會說，我不想要依賴別人幫忙，我想要培養自己的能力來解決，當然也需要這麼做，只是這就不是致富的捷徑，而是培養基礎能力的階段，一個人必須要有基礎的專業能力，當達到一定的基礎能力後，想要再往上提升，往往並不容易，這時借重別人的智慧是最快最容易，最節省成本的。

　　相同的道理，如果你還沒致富，是因為你不瞭解如何致富，但致富範圍更廣泛，你必須要找到屬於你想從事的領域，而本書圍繞在行銷中的魚池致富術，接下來要講的，就是行銷中魚池致富的捷徑方法。

＊ 借巨人魚池的超級方程式

　　還記得25歲的美國年輕人艾曼的套利奇謀的成功案例嗎？

　　還記得世界網路行銷大師：約翰‧里斯的流量祕密2.0的成功案例嗎？

　　你可以自己養魚池，也可以借用已經有魚池的巨人，如果僅僅靠自己養魚池，你會發現速度實在太慢了，借用巨人的魚池，把裡面的

魚也變成自己的魚，你會發現這是最快的成功捷徑。

我遇過很多人，錢收了，把事情做垮了，然後避不聯絡，更甚者跟你講一個天花亂墜的合作方案，真的合作以後，費時費力花了錢，最後才發現對方沒有當初承諾的那樣的情況，所以你要有一個方法能夠識別，這個人是不是講大話，這個人說的話可不可信，有時候就算對方是一個好人，但如果理念差異太大，難以產生交集，也不具任何意義。

既然對方有意要靠近你，自然就會偽裝得很好，讓你看不出他的真面目，那要如何觀察一個人到底是資產，還是負債呢？這邊我提供我自己的技巧，這個技巧讓我能夠在很短的時間內，就準確地識別一個人的好壞。

通常我遇到一個新朋友，並且想跟這個新朋友有進一步的合作時，我會先依照對方的行業領域，講一下我也認識這方面領域的哪些朋友，或者看看他的Facebook，看看有沒有我認識並且信任的朋友，然後我再打電話問問看我比較信任的朋友，問問看我朋友跟他熟不熟，有沒有合作或交集過，對這個人評價如何，還記得之前借力的識人技術嗎？，我就是用識人技術的三個方向詢問：去了解這個人是不是有誠信、有責任、有愛心，身為商業人士，如果連這三點都讓人有負面評價的話，那這個人肯定是有問題的人，這樣你就可以很快地辨識出，到底你要不要繼續花時間在這個人身上。

如果你的客戶、朋友都是比你有錢有資源，那你就更容易成功，如果你的客戶、朋友都是比你貧窮的，那你就更容易變窮。所以你必須去找到比你更成功並且擁有你所需要資源的朋友、你要有勇氣去幫助比你更成功的人，讓這些人成為你的好朋友，成為你的好客戶。

這些道理很好，但問題是怎麼做呢？為何這些巨人願意幫助我

呢？

借魚池跟借重他人的智慧道理是一樣的，只要成為巨人的朋友就行了。

如果一個人知道對方有上萬個魚池，也相信如果對方願意合作，可以快速賺幾百萬、甚至數千萬以上，那為什麼還會猶豫不前呢？

很多人會害怕和比自己更強的人交朋友，通常都是因為：

➢ 1. 沒有對方的聯絡資料，或有聯絡資料對方不予回應。
➢ 2. 覺得對方離你很遠，不會理會你，因為很有可能被拒絕，害怕被拒絕而不去主動認識對方。
➢ 3. 從小被灌輸的觀念：凡事靠自己，為什麼要巴結人家。
➢ 4. 無法認清自己的專業或能力，不知道自己有哪些地方可以貢獻給對方，為什麼對方要跟你交朋友。

首先你必須要找到比你成功的人，並且你知道他擁有你需要的相同族群的魚池。利用網路資訊，要找到這些人的聯絡方式相當容易。

現在很流行社群工具，例如臉書Facebook，大多數的人都會用，但很少人知道如何用利用它，只要對方有臉書、你就可以聯絡得到他，如果你不知道跟對方講什麼，你可以先看看他的塗鴉牆，看看他都聊哪些話題，他的朋友是什麼樣的朋友，他的朋友中有沒有你的朋友，他的朋友跟他都怎麼聊，如果真的還是無法切入，那就先去認識他的朋友，然後再請他轉介紹。

科學家布侃南博士（Mark Buchanan）在著作《連結》裡，揭露了人際連繫的根本奧祕：每一個人與世界任何角落的任何一個之間，只隔了六個人的連結關係。任何人跟美國總統的距離，只差了六個人，這表示人與人之間的距離是相當近的。

有一部經典的電影：刺激1995（The Shawshank Redemption），

劇中主角寫信給緬因州議會，希望能夠得到更多經費管理圖書館，議會沒有回應，主角並沒有放棄，持續兩個星期寫一封信給議會，有一天主角收到了議會的回信，議會告訴主角，我們這裡沒有多餘的經費，請不要再寫信來了，主角說了一句：「想不到這麼快就有回應。」後來他改為每個星期寫一封，連續寫了兩年以後，議會最後給了他許多經費以及相關物資。

被拒絕又有什麼損失呢？反正本來就沒有，未來還有機會，當然我們不希望做打擾人家的事情，所以最好先從社群、網路……等，研究一下對方的喜好，這樣成功機率將大大提高。

從小父母告訴我：「凡事要靠自己，依靠別人是沒有用的。」這句話是對的，你的確需要有基本能力，我們也不可以只靠別人，事實上別人也不想讓你靠，而是互助，人家之所以會幫你，一定是你對對方也有利，對方才會願意幫助你。因為對方也欣賞或想要你的商品、創意、資源……等。如果沒有任何利益的話，人家為何要幫你，所以這不是誰靠誰的問題，而是一種有利的雙贏合作，所以前提是你還是必須要具備基礎的能力。

在2011年7月9日，我發表了一場一天的跨雲端行銷的發表會，發表會的每位門票價格是新台幣：32000元，當天近300位各界人士參加，是台灣網路行銷界至今時間最短，收費最高，人數最多的一場網路行銷培訓紀錄。

跨雲端行銷發表會現場

　　這場跨雲端發表會之所以能夠有這麼多人，主要是靠七位在台灣培訓界一樣都很頂尖的同業合作，這就是一場向巨人借力，而我到底是怎麼做到的呢？同業不是相忌嗎？為何同業都會願意來幫忙推廣這場課程呢？

　　因為同業一點都不相忌，事實上我在辦這場課程以前，就對我的同業主動提出結緣、認識、合作，我也盡力地幫這些同業，讓他們的業績更好，我也主動推薦他們給我的粉絲們認識。

　　你之所以會認為是競爭對手，是因為你認為是競爭對手，只要換個心態，就是合作夥伴，合作總比競爭來得好，每個同業都願意幫助你，你還會不成功嗎？

　　為了讓這場跨雲端發表會，更具有吸引力，我也把王紫杰老師邀請到台灣，共同參與，這就是借王老師的力，讓這場跨雲端發表會更有賣點。

　　各位親愛的讀者，你可以幫我想想看，如果你對大陸人生地不

熟，要去大陸發展，大陸那麼大，你要花多少行銷預算，才能夠讓市場的人都認識你呢？再有能力，都要數百上千萬以上，還要花上許多的時間，及對市場不熟悉的失敗學習教訓。

　　王紫杰老師是大陸網路行銷的第一名師，擁有近百萬的粉絲，他幫我在大陸積極宣傳，我沒有花到一分錢，甚至沒有花到任何時間，就在大陸打開了一定的知名度，就只因為我跟王紫杰老師是好朋友，那到底我跟王紫杰老師如何成為好朋友的呢？事實上我在2009年的時候，我看到了王紫杰老師的網站，對他非常敬佩，非常想認識王老師，我決定去大陸上王老師的課程，這樣不但可以學習他的知識，還可以跟他面對面結緣。

　　我自己也是老師，我相信一個好老師勢必會幫助學員，課程完畢後，我對王老師的智慧更加敬佩，由於彼此理念又很相近，就這樣我們相知相惜成為朋友，並產生了合作，王老師幫我在大陸創造的影響力，是上千萬都不能夠完成的事情，因為大陸學員相信王老師，王老師推薦我，學員很自然地就把信任轉移到我身上，我在台灣的跨雲端發表會，也就請王老師過來幫忙，後來大陸網路行銷高峰會王老師也順勢幫我牽成。

　　一切都非常的簡單，借力並不困難，只要你願意付出行動，你會發現成功的路比你想像中的還要近許多，這就是借力，也是最快的成功捷徑。

PART 4
操作實務篇

You Can Make Money with
Internet Marketing

Internet Marketing

chapter 9

締造高成交率的關鍵

　　如果擁有魚池的巨人喜歡你，願意幫助你，但最終你還是要有一個實際的合作提案給對方，而這個合作提案的重點，就在於對方認為你的提案是否可行，成交率是否夠高。

　　如果你跟擁有魚池的巨人談合作，你也給對方很具有誘因的利潤，你認為對方就會同意你的合作提案嗎？

　　利潤只是合作的一部分，即使你利潤給得再高，如果東西不好賣，成交率低，那這樣魚池的主人自然也就不會有興趣，所以要跟魚池的主人合作最重要的要點，就是建構高成交率的合作提案，如果你的商品、文案的成交率能夠非常高，那友誼關係並不需要很高，都能夠成交，因為你用高成交率打動了對方的心。

　　為什麼人們需要購買一項商品或服務呢，因為每個人都不滿足現狀：胖的想要變瘦、不健康的想要變健康、不漂亮的想要變漂亮、漂亮的想要變得更漂亮、沒錢的想要變有錢、有錢的想要變得更有錢，……。

　　因為人們都不滿足現狀，所以就會渴望改變，變得讓人生更美好，也因為人性如此積極渴望改變，所以需求因此而產生。

　　如何締造高的成交率呢？大多數的人，都認為是商品最重要，然而商品本身並無法表現出價值，商品本身也不懂得如何找到需要他的

客戶，高的成交率來源，主要就是依靠行銷設計，以下我將介紹締造高成交率關鍵最重要的行銷六大要點：

✳ 締造高成交率關鍵的第一要點：找到擁有高度渴望需求欲求的族群

　　如果你曝光展示的族群並沒有這樣的需求，那不管你的商品、文案再好都沒有用，因為他並沒有這樣的需求，如果你找到的族群，不僅僅是需求，更是渴望欲求度相當高的族群，那你商品的成交率必然高，你只要利用魚池理論，找到相當飢渴的一群魚，當然就容易成交了。

✳ 締造高成交率關鍵的第二要點：價格定位

　　你找到了高度渴望的族群，但是你的價位並非你這個族群的人所支付得起，那就算消費者很想要擁有，也因為支付能力不足，無法購買，所以你必須要有不同等級的商品，以滿足廣泛的需求，如果你難以將商品定位，那就必須要確定你的商品價格是你的需求欲高的魚池，大部分都能夠支付得起這個價位。

✳ 締造高成交率關鍵的第三項要點：取得名單並進行溝通

　　還記得之前講的欲望週期的變化嗎？EMAIL追客系統嗎？

　　多數的人們會以過去的經驗，在大腦裡先搜尋一個跟你差不多的商品，但價格可能遠比你低的，然後質疑你太貴，而難以進行成交。

　　我有一場百萬2.0網路行銷現場培訓三天的課程，學費是72000元，對許多人來說，這個價格並不便宜，雖然很多人看到我們的廣告資訊後，就立刻報名，但更多10倍以上的朋友，看到我們的課程資訊

後，雖然有吸引到他，卻也會質疑我們課程是否具有如此高價值的威力，因而放棄購買這個課程。

大多數的商家如果當下沒有辦法成交，往往就放棄了這個準客戶，商家花了大把時間與金錢，製作廣告、合作、等方式找到了適當的族群並進而曝光，如果這時候放棄了客戶，等於也損失了時間與金錢的成本，更減少有效幫助客戶的機會。

你可以先跟準客戶交朋友，並在交朋友階段就給予價值，你給予的價值越久越大，那願意相信你的人們就越多，信任也越大，但交朋友需要時間，每個人都只有24小時，朋友溝通培養感情，哪怕即使是一通電話，也需要時間。

有賴於科技的發達，現在這一切已經可以完全做到自動化，完全不用浪費溝通時間成本，並且可以有效地1年365天都自動定期跟客戶做預約溝通，這就是EMAIL自動追客系統的妙用，後文我還會詳細談到EMAIL追客系統的。

我的百萬2.0網路行銷課程，是常態性的課程，我卻不需要做任何的推銷，自然每期都可以順利開課，很多準客戶在看到課程資訊的早期雖然沒有購買，但隨著不斷利用EMAIL自動追客系統跟客戶做持續溝通，有的三個月後，有的半年後，有的甚至更久，只要取得他的信任度後，就會來報名參加，這就是持續溝通的威力。

＊ 締造高成交率關鍵的第四項要點：文案包裝

你有沒有這樣的經驗，早餐不知道要吃什麼，在附近尋找早餐店，最後你選擇了一家看起來裝潢亮麗或人多的早餐店，吃了之後，卻不一定如裝潢老舊的店來得好吃，甚至質疑這麼難吃，怎麼還有這麼多人光顧。

　　不管商家的商品有多好，重點是消費者信還是不信，以早餐店案例來做說明：可能真的很好吃，但因為裝潢老舊或沒有人，看上去也不怎樣，導致大部分沒吃過的人，都不想選這家早餐店。

　　而不怎麼好吃的店，因為裝潢乾淨亮麗有質感，在價錢也差不多的情況下，很多不曾吃過這兩家早餐店的人，會選擇裝潢好的，雖然可能因為不好吃而不會再來，但起碼也成交了一次。

　　消費者以為他在購買商品，其實消費者購買的並非商品，而是購買商家所呈現的包裝，消費者必須要付錢成交以後才能夠體驗完整的商品，所以在購買以前，消費者無法100％知道這個商品到底好不好，適不適合他。消費者依靠的是商家的包裝來決定是否購買，什麼叫做包裝，包裝就是商家想傳達給消費者的感覺，在網頁上來呈現的話，就叫做文案。

　　我再重複說一次，消費者買未曾使用過的商品，買的不是商品，而是一個描述，這個描述是商家對消費者做的描述，店家用店面來描述他的品質，而網路上用文案對消費者描述，消費者聽完商家的描述以後，如果不認同商家的描述，消費者就不想買，即使產品非常好，因為消費者不信任，所以就不會購買，因此你必須為你自己的商品，準備一個讓消費者可以信任，甚至讓他會說：「哇！」的描述，這就是包裝，就是文案。

　　如何做好這個文案呢？文案技巧本身就是一門技術，無法在本書一一詳述，在我的網站裡，有非常多的文案可以讓有興趣的朋友免費學習，並且也會不定期分享文案寫作的技巧，如果你有興趣的話，可以到我的網站，仔細瞭解與學習：http://www.satisfied.com.tw

✳ 締造高成交率關鍵的第五項要點：溫度與互動

網路科技發達，讓很多溝通，變得都可以自動化，但畢竟人是感情的動物，很多人還是希望能夠與真人做更多的互動，在購買前總是問些問題，想要問得更詳細一點，但很多網友似乎隨著網路的發達，也變得越來越宅，即使留有客服電話，但總抱著能不打電話還是不打電話的習慣，似乎怕打電話以後，可能會被業務人員做無盡的騷擾。

在國外有一種線上即時客服系統，已經流行多年，除了品牌公司用以展示網站外，真正希望客戶上網，並留下資料或訂購的網站，幾乎都會採用線上即時客服系統，因為他彌補了網路所缺少的溫度與真實的互動，據國外分析報告，有用線上客服系統的成交率，能夠有效提高30%~230%左右，由於這種系統能大幅有效提升成交率，在本章將會做更詳細的介紹。

✳ 締造高成交率關鍵的第六項要點：品牌核心、超級魚池。

當你使用了前面五項技巧後，你應該能夠成交一定數量的客戶，這些已經成交的客戶，大多數企業，可能就再也不理會或者很少理會，其實已經成交的客戶，才是企業真正的資產，因為這些客戶，才是企業真正屬於你的超級魚池，前面所做的一切，並不是為了獲取利潤，企業真正的利潤與命脈，全都在這個超級魚池裡。

超級魚池是什麼呢？

我們先來回顧一下魚池是什麼？魚池是一群對你有信任度的群眾，那「超級魚池＝一群對你有超級信任度的群眾」，所以超級魚池關鍵點就在於信任度的差異，那我們該如何打造超級信任度呢？

客戶在真正成交以前，不管商家如何貢獻價值，客戶對商家還是

非常質疑的，因為唯有真正的成交後，客戶才真正有機會用商家的正式產品，無論我們行銷文案寫得多好，試用品提供得多棒，如果客戶購買商品使用後，對商品不滿意，就是對這次的成交不滿意，那未來客戶將很難再相信商家，以後想要再請客戶回購、或者推薦客戶購買其他商品，都將是一項困難的任務。

相反的，如果客戶購買商品後，得到良好的體驗，客戶就會更加信賴商家，你有沒有一種經驗，剪了頭髮，發現這家還不錯，蠻喜歡的，可能未來就都選擇在這家剪，不太想再換其他家。

我有一個學員叫做TONY，他是做髮型設計的，價格算屬中高價位，通常髮廊為了招募附近的過路客，店面大都會選在一樓，很多人都聽過，人潮就是錢潮，開店就是要開在人潮多的地方，當然黃金店面租金就比較高，TONY的店開在三樓，節省了高額租金的開銷，一樣非常賺錢，他到底是怎麼做到的呢？

我介紹了幾位學員給TONY當客戶，這幾位學員都很滿意TONY的設計，也因此變成TONY的長期主顧，有一位學員大概給TONY做頭髮做了三年多，平均每兩個月去一次，每次約花費5000～8000不等，三年多累計下來消費破十萬以上，並且這位學員，還幫TONY介紹了好幾位朋友過去。

真正最有威力的魚池，並不是那些還沒有成為你名單的顧客，而是已經跟你成交過的顧客，因為成交過的客戶，並且覺得滿意的，才是真正信賴你的客戶，這些客戶利潤最好，轉介紹力道最強，還可成為商品的最佳見證，

招募新客戶往往需要高昂的成本，很多中小企業都只做一次性生意，所以需要不斷地曝光，來招募新客戶，這樣經營事業相當辛苦，如果一家企業要賣掉，通常最重要評估價值的標準，就是它有多少持

續消費的老客戶，這點又稱為：客戶終身價值。

　　這邊舉一個例子：以剛剛TONY的例子來講，假設每位客戶每次平均消費是5000元，假設每個客戶的執行成本（含人工）為1500元，如果你是老闆的話，你願意最多花多少廣告成本換取一個新客戶，大部分不知道客戶終身價值的朋友，答案應該落在3000元以下，因為至少要賺錢，商品成本1500元＋廣告3000元，這樣起碼還有500元的獲利空間。

　　但如果加上客戶終身價值的演算法以後，就完全不同了。如果平均每三個客戶，就有一位客戶能成為老客戶，老客戶平均兩個月消費一次，並給予老客戶打八折，那平均消費就是4000元，那三個客戶一年的消費就是三個客戶的第一次消費（5000元×3次）＋一個客戶一年內的五次消費（4000元×5次）＝35000元

　　如果以第一種演算法，三個客戶只有獲取500X3＝1500元的利潤，但同樣的成本，因為有了客戶終身價值＝營業額35000元 減去 廣告與商品成本（4500×3＝13500元）＝21500元，利潤完全大不同。

　　很多人以為利潤來自於成交，事實上成交的目的並不是為了獲取利潤，成交最主要的目的，是為了讓顧客更相信你，當顧客非常相信你的時候，就會養成顧客的習慣，真正的利潤源自於顧客的購買習慣，這也是企業永續經營最重要的目標。

　　很多人以為他自己賣的是一次性商品，無法重複消費，事實上所有的成交，都是獨立事件，顧客之所以會跟你購買，是因為顧客認為你的商品可以解決他的需求或欲求。

　　以整型美容為例：醫師賣的可能是割雙眼皮，顧客的渴望是要變得更美，而變美的商品非常多，割雙眼皮只是其中的一項商品，當顧客割了雙眼皮之後，只是完成階段性目標，顧客朝向變美的夢想，又

邁向了一步，顧客可能還需要更多的整型美容相關商品、保養品、化妝品，才能夠完成他的夢想。

　　當然有朋友會問，可是我的商品只有雙眼皮，我並沒有其它的商品，那怎麼辦？你可以自己想辦法開發是一種方式，但開發新商品需要時間與金錢，萬一開發了卻賣不好，也很有可能虧損，商機往往不等人，所以除了自己開發外，與已經有成熟商品的商家合作，是最容易的選擇，大部分的商家都需要客戶，如果你找的商品不是供不應求的情況，自然很容易談合作。

　　上一章「名單真正的價值」談到，每筆名單創造超過1500元以上這個案例，就是我跟其它網路行銷老師所合作的商品，雖然我對自己研發的課程充滿自信，但學員希望能夠更快達到他的夢想，有幾位學員，甚至將我所介紹的所有課程，都報名參加，無一遺漏。

　　我就很好奇地問這些學員，為何如此好學，這些學員表示，因為我每次介紹的課程商品，他學習過後，都成功地幫助他在事業上賺更多的錢，所以很相信我介紹的，其中有幾位學員更這樣跟我說：「其實有時候也不知道老師你所推薦的課程商品是什麼，但過往的經驗告訴我，報名參加就對了，因為老師推薦的都是很棒的商品。」

　　以上我舉的這個案例，就是讓顧客習慣性向你購買，當你推出新商品的時候，都符合顧客的需求，並讓顧客使用完產品後，產生一種還好有買，沒買到就遺憾的感覺，當你的顧客對於你的推薦，產生這種認知的時候，就會產生購買習慣，這就是超級魚池。

　　我有幾位朋友是做LOGO、企業CIS、寫品牌故事，我問他是做什麼的，他是這樣回答的：「我是替客戶打造品牌的。」我說：「你不是幫客戶打造品牌，你是替客戶打造品牌識別與形象設計，不能說是打造品牌。」

有不少行業，標榜自家公司的服務就是替客戶打造品牌，我去瞭解這些公司是如何替客戶打造品牌，幾乎每次答案都是LOGO設計、企業CIS、品牌定位設計、品牌規劃、品牌承諾、廣告曝光提高知名度……，這些的確都是幫助成為品牌的一部分，但我卻從來沒有聽過有人跟我說到「打造品牌真正的核心方法」。

到底什麼才是打造品牌的核心方法呢？事實上你已經知道了，就是超級魚池。當超級魚池人數達到一定規模，自然就會形成巨大的品牌效應，帶動最強大的口碑傳播，即使沒有LOGO，也是一個強大的品牌，這時候再加上CIS設計，品牌故事、廣告曝光、自然更有助於傳播與記憶。

經常有報章媒體報導，IBM品牌價值有幾億美金、可口可樂品牌價值有幾億美金，換言之，品牌就是企業的核心價值，如果你有品牌定位、形象設計、卻沒有超級魚池的主力做支撐，市場就不會認同你的品牌有所價值，所以想要打造品牌，就是建立超級魚池。

你一定有這樣的印象，有一家很不起眼的路邊攤，可能是賣大腸麵線、臭豆腐……等，它沒有什麼裝潢，甚至沒有店名，但是卻人滿為患，生意好到爆，朋友間可能還會替他取名，例如巷子口的阿婆麵線、很有名的凌晨臭豆腐被網友取名為幽靈臭豆腐……這些都是擁有超級魚池。

因為沒有做周邊的形象識別，所以有些很好吃的小吃，一旦懂得搭配品牌周邊以後，就變成連鎖店了，鬍鬚張滷肉飯就是如此，但如果沒有超級魚池支撐的話，只有做品牌周邊，那還是空的，虛的，是沒有價值的。

＊ 打造超級魚池的捷徑：

現在你知道超級魚池就是已成交的客戶，對你信賴與評價的感受，只有成交一次的客戶，客戶感受並不強烈，所以你必須持續成交，連環成交，才能夠加深客戶對你的感受度，那到底要如何做呢？

如果成交的客戶對你的商品不滿意，未來自然不會再購買，所以我們要對已經成交的客戶做調查，並詢問客戶真實的感受，請客戶告訴我們商品的缺失，向客戶詢問商品希望能夠再往哪個方向加強改進，只要往這邊努力，就可以了。

如果是合作而來的商品，一樣向客戶進行調查，瞭解此次的消費感受，從此處瞭解未來該如何做合作方向的選擇，並且對合作廠商做必要的要求，讓你每次合作廠商的商品，都能讓客戶有最大化的滿意，才不會讓你的超級魚池對你失去信賴感。

有沒有發現以上兩件事情，其實非常的簡單，只要你設計一張好的問卷，請客戶填寫，客戶已經告訴你，往那邊改善，他就會滿意。最好的案例就是王品系列的餐廳，每次用餐完後都有一張客戶滿意度調查表，有了這張表格，你的品牌之路就開始了。

所以打造超級魚池的捷徑就是：做有效問卷＋持續改善商品的積極心態。

打造品牌的捷徑就就是：擁有超級魚池，按照問卷持續改善＋品牌周邊設計。

是不是比你想像中還要來得簡單呢？

Internet Marketing

chapter 10 向網路行銷超級武器借力

　　俗話說：「工欲善其事，必先利其器。」知識是為了實踐，如果不加以實踐，都是沒有用的知識。

　　有許多行銷觀點要實踐，必須能夠自動化，才能夠節省大量的成本，而這之中就必須仰賴有效的工具，但網路上的工具實在太多，要一一瞭解並不容易，在介紹工具之前，就要確認自己為何要使用工具，使用工具一定要先有目的，因為我們使用工具是為了借工具之力，為了解決問題，而不是製造問題。

　　有很多朋友，看到一個新工具就馬上去使用，不知道為何而使用，好像大家最近都在流行使用這個工具，所以就跟著用。學習一個新工具，必須花費不少時間去研究瞭解，等到學會了，卻發現對自己的幫助很有限，沒什麼效果，後來又看到有新工具出來後，又跑去用另外一種，重複循環，這樣的現象，相信有很多用心經營部落格或網站的朋友都有遭遇到這種經驗。

　　首先你要能夠知道，你現在有哪部分的需求，然後依照你的需求，去尋找適合你的工具，你可能會有流量、成交率、傳播、分析、自動化……等等各種需求，所以第一步就是檢視你目前的需求，再去尋找你會需要的工具，以下我將介紹最常見的網路行銷需求流程與工具，你可以檢視自己的流程，應該如何使用。

1. 你必須要能夠將你產品的介紹頁面放到網路上：網頁呈現工具

2. 有了產品介紹網頁後，你要能夠引導流量：廣告相關工具

3. 有了流量，完成基礎銷售，要優化流量與成交率靠：提升成交率工具

4. 優化流量與內容後，進一步打造商業模式：EMIAL追客系統

5. 向巨人借力永遠是最快，也是最好的方法，但如果要傳統認識人脈借力，似乎難度較高，其實你只要掌握一個平台，就通通掌握：超級魚池矩陣平台

（本流程適用主力單一商品銷售方法，其它種類型，可能會有不同的流程需求。）

1 向網頁呈現工具借力

在網路上銷售的第一步，通常是網頁呈現工具，不管賣什麼，你都必須要有一個網頁，如何做這個網頁呢？當你用WORD寫好文案以後，要把它呈現在網路上，

你可以選擇請人製作網頁，也可以選擇自己學習製作網頁，也有一些網頁製造的工具，例如部落格就是一種，但在你選擇的前提之下，你要先瞭解自己，是不是有美工的能力，長期寫作的能力。

部落格是一個跟網友拉近距離的有效方式，網友喜歡你的文章，就會信任你，而且網路上有一堆免費的部落格工具可用，聽起來很

棒，可是有一個實踐的難處，就是你最好具備蠻會寫，蠻喜歡寫的本事，因為部落格要經常更新，否則將無人問津，以我個人來說，雖然有自信分享行銷智慧，然而因事業太過忙碌，很少有時間寫作，這就是我個人沒有用部落格的原因，如果你已經有長期寫日記、寫文章的習慣，那買本部落格的工具書，是很棒的選擇。

你可能有聽過：Dreamwaver、FLASH、Wordpress或各式各樣CMS建站系統。

多數老闆的時間實在太忙碌，做起網路行銷後，常會碰到以下三個問題：

1. **外包給人家做，卻沒什麼效果**：會造成這種情形，最主要是如果老闆不懂網路行銷，光靠外包要成功並不是一件容易的事情，外包是對的，但老闆至少必須要懂得網路行銷的流程與架構。

2. **人才不容易找**：有點規模的中小企業，會自己聘請網路行銷人員，面試時，面試者說得天花亂墜，錄取以後，所做出來的績效，卻難以讓公司業績有效成長，網路行銷人才難尋，主要也是面試者本身並不懂網路行銷，只要覺得對方能做，就給對方試試看，才會造成公司業績仍然無法成長的結果。

3. **花太多時間，投資比例不成對比**：有很多老闆，自己學了一些以後，就開始自己做，做了一些以後，才發現還有好多東西還要學，我常說老闆不用會製作SEO，因為如果老闆會了SEO以後，自己就變成SEO工作人員，老闆需要的是運用，而非技能。

避免以上三種問題最好的方法是——自己瞭解網路行銷的核心觀念，再去找外包公司、或聘請網路行銷人才，這樣才能達到有效借力使力。

我在1998年的時候，曾經去某家電腦補習班，學習網頁設計，總共學習時間長達半年，這些包括：Photoshop、Dreamwaver、FLASH、HTML……等各種相關網頁設計的軟體，半年後，我想開始接案替客戶做網頁，結果：慘不忍睹。

雖然我會運用各項工具，但是我實在沒有美術天份，怎麼做都是醜，就是難看，客戶永遠不買單，後來我只負責接案，美工的部分外包出去給人家做，等於白費了半年，後來我網頁設計都外包給人家做，當案件太多的時候，就開始自己聘請網頁設計師。

直到現在我都很少用任何網站呈現工具，因為我知道最後的呈現，還是要美工，除非美工可以自己來，否則一樣要外包，事實上我去電腦補習班，那半年並非全無所得，還是有些常用的觀念，有不小幫助，只是這些常用觀念，只需要花不到三天就能夠全部搞懂，也就是說我花半年的時間學習，但真正對我有幫助的，卻只有三天的學習。

就好像我們在學校學習數學一樣，從小學到大學，會學習加減乘除、X元X次方程式、三角函數、證明題、微積分、線性方程式……等，如果你不是從事相關的專業工作，後來真正會用到的，還記得的大概只剩下加減乘除，其它的都會隨著時間而淡忘，而網路行銷、網頁設計也是一樣，有些相當基礎的觀念，卻是最最重要的。

我不建議已經有10人以上的公司老闆，去學網頁呈現技術，但如果是個人或微型企業的話，有些基礎的觀念還是相當便利的，我個人認為，在網頁呈現技術上，最重要的有三點：

1. **瞭解HTML架構**：現在有很多所見即所得的編輯器，只要在WORD剪下貼上，就大概完成了，其中可能會跑掉一些圖表，所以瞭解基本的HTML架構，但不需要熟悉也不需要背指令，只要瞭解其運作原理即可，學習此點最重要的是學會改文字即

可，因為文案隨時有可能改得更完善，這時候可能會改到幾個字，所以只要學會這點即可，在書店買一本HTML的書籍，看前面三分之一就大概懂意思了。

2. **了解FTP上傳工具**：網頁設計人員將網頁做好以後，要上傳到網路上，就是利用FTP這個工具，這跟手機上傳到電腦是一樣的道理，由於相當容易，你可以在網路上下載任何一種FTP工具，並且搜尋相關文章，有很多網頁有教導FTP使用方式，閱讀一個頁面即可學會。

3. **了解如何購買網址跟虛擬主機的方法**：網址就是地址，一旦一個網站成功經營起來，搜尋引擎的排列呈現、知識+、論壇的討論勢必都有不少，如果你的網址是註冊在別人的名字底下，那風險相當高，所以購買網址最好親自購買，我遇過國外有一些不肖的網址主機廠商，可能會在網址所有權做手腳，所以最好的方式還是跟台灣有登記註冊在案的公司購買，在這邊我推薦網址，可以跟rs.seed.net.tw購買，如果是國際性的網址可以跟www.net-chinese.com.tw購買。

到底改買.com比較好，還是.com.tw比較好，如果是台灣的建議.com.tw，如果是國際的建議買.com，購買虛擬主機的話也是同樣的道理，如果要行銷台灣，建議購買主機位置在台灣，這樣也有利SEO，如果在美國就購買.com。

有些朋友問我，老師現在都很流行Wordpress，功能強大，連國外的行銷大師都在用Wordpress，我該不該用呢？

如以上我說的，你會美工嗎？你常寫文章嗎？你電腦基礎好嗎？如果以上都是肯定的，Wordpress是非常不錯的工具，尤其是它的外掛資源，幾乎無所不包，但相反的，更重要的是研究這些，對特定族群

來說，非常好玩，但也因為非常好玩，網路行銷的朋友，都會變成被工具使用，而非使用工具。

　　但如果你的目的只是把商品推廣出去，並且對美工、文章、這些都不感興趣，那當務之急，應該是先把你的商品文案介紹頁面做出來，然後給網頁設計公司製作，並且買個網址、主機，放上去就好。

　　事實上Wordpress功能強大，可以做的事情太多，甚至可以拿來做傳播、或流量引導，這已經屬於完整的建站工具，並非只是單純的網頁呈現，如果你的網路行銷已經做到一定的成熟度，那是很不錯的工具，但如果你只有一兩個主力商品，只是要做一兩個文案頁面，俗話說：殺雞焉用牛刀。

　　如果你的成本有限，還是希望能先自己動手做，那我會建議使用WEEBLY+GOOGLE表單系統，這兩個工具，應該可以滿足很多人的需求，一方面符合銷售頁面使用，另一方面也比較不用花太多時間學習，如果你對學習WEEBLY+GOOGLE表單有興趣的話，臉書達人許凱迪老師的網址裡，提供了很不錯的WEEBLY+GOOGLE表單的學習影片，你可以免費到以下網址學習：http://www.shock.com.tw/freegift/

② 向廣告相關工具借力

　　當你做好網頁呈現後，再來就需要引導流量，讓人來看你的網站，還記得締造高成交率關鍵的第一要點嗎？如果你引導流量的族群，不是擁有高度渴望的欲求族群，那一切努力都將白費。

　　要找到對的族群有多種方式，最常用的工具就是關鍵字廣告工具，以台灣來說，最重要的就是YAHOO關鍵字廣告、GOOGLE關鍵字廣告，你可以到以下兩個網址，購買關鍵字廣告：

YAHOO關鍵字廣告：http://tw.emarketing.yahoo.com/ysm

Google關鍵字廣告：http://adwords.google.com

如果覺得介面操作太麻煩，只要在搜尋引擎搜尋YAHOO或GOOGLE關鍵字廣告經銷商，就會出現一堆銷售關鍵字廣告的商家，跟他們買，只要一通電話即可，但也是要多經過比較，以免遇到不肖廠商。

買關鍵字廣告，已經變成一門學問，技巧不少，建議可以跟你的關鍵字廣告經銷商做深入的了解與詢問，怎麼設定會比較有效。

你一定要知道關鍵字廣告：不是越多人點越好，也不是買越便宜的就越好，每一個點擊都是成本，必須要能夠轉化成購買，才有意義，所以目的是要讓最可能購買商品的人看到跟點擊，讓不會購買的人不要看到或點擊，那到底該怎麼做呢？

以下我就用我一個顧客的真實案例來做說明：

鎩羽而歸的投影機老闆

幾年前，我公司的某一位客戶是賣投影機的商家，他發現很多人買投影機都是先在網路上瀏覽，再到現場測試購買，甚至有一些客戶對投影機更瞭解的，直接就在網路上找熟悉的商家購買了；這位老闆非常有執行力，他認為網路是個避不掉的趨勢商機，於是興沖沖地找人設計網頁，並且聽從網路公司的建議，購買關鍵字廣告，有比同行漂亮的網站，更貼心的購買方式，也做廣告宣傳了，當這一切建構完成，他到處跟朋友炫耀他的生意將要更好了，對這一切的安排他非常有信心。

　　他耐心地等著生意從網路上門，結果一個月、兩個月過去了，他發現效果不如他預期，可是看同行的朋友，又確實在網路上做到生意並獲利，面子掛不住的他，也不好意思向朋友討教。

　　後來他透過介紹找上了我們公司，了解實情後，我問他一個問題，請問你做了那些關鍵字廣告，他很得意地講了一堆，聽完後我告訴他，你犯了跟大多數人一樣的毛病，「沒有確實掌握到客戶會買的關鍵字」；這個客戶非常不認同，不斷地解釋：他的網站做得有多好，他的關鍵字買得有多準確，很多客戶根據關鍵字找到了他的網站，網站確實有流量，在默默聽完後，我問他，你真的有從網路上掌握到客戶嗎？

　　這次一問，他愣住了，看他沒再說話，我開始慢慢告訴他，網路使用者的習慣，多數不懂投影機的消費者，想要買投影機，的確會先在搜尋引擎打「投影機」三個字，或許會找到你的網頁，看到你的用心，但這跟實體店面不一樣，就算他有投影機的需求，這次的瀏覽頁面，多半也只是先了解、參考而已，很難成交。

　　接下來他會針對他有興趣的投影機型號，再做一次搜尋，例如，搜尋：「EPSON-1234」，請問這次，他一樣會找的到你嗎？那你有沒有可能是花錢在幫其他店家做廣告？這次，投影機老闆真的啞口無言……。

　　後來，我幫他的廣告策略做了些調整，我請他重新選擇購買的關鍵字廣告，主要針對熱門型號購買。這次，他很興奮地跟我說網路行銷真不錯，他的生意真的變好了。

買錯關鍵字，就算有再高的流量都沒有用，因為這並沒有確實掌握客戶的真正的購買需求，也就是說你的魚餌下錯了，客戶沒看到他真正想要的餌，所以當然不會上勾。

在這裡有幾點購買關鍵字廣告的祕訣請你一定要注意：

1. **購買型號廣告。**
2. **就算你的商品是全國性的，也請你一定要購買區域型關鍵字廣告。**
3. **再來最重要的是，購買針對族群屬性的關鍵字廣告。**
4. **最大的祕密：長尾關鍵詞廣告**

關於第三點，為什麼我們需要針對族群屬性，購買關鍵字廣告咧？你應該在心裡面馬上會認為，因為那個族群屬性是喜歡我商品的族群，所以想當然爾，這一定可以提高我的業績，Good！！！你絕對說對了……一半。

針對族群屬性購買關鍵字的另一個層面就是利用文字，表明主旨，讓非客戶、不需要的客戶，不要去點，這樣才可以省錢，並且過濾流量，抓住精準客戶；這種客群通常沒有迫切需求，因為沒有銷售壓力，可以很輕易設立魚餌請他留下名單，千萬記住，他現在沒需求，不表示未來也沒有需求，所以不要輕易放過用這種關鍵字進來的客戶。

關於第四點，什麼是「長尾關鍵詞廣告」，就是最重要、最省錢、最有效益的關鍵字廣告，接下來的故事我相信可以讓你了解「長尾關鍵詞廣告」是什麼。

永遠不滿足的投影機老闆

投影機老闆又開始煩惱了，針對幾款比較熱門型號的投影機搜尋，購買了關鍵字廣告，雖然客戶有抓到了，但是進來網站的訪客，還是看看就離開居多，沒辦法更精準抓到客戶，所以那老闆又來找我了。

這次，我建議他購買長尾關鍵字廣告，也就是讓客戶有參考價值的關鍵字，為了讓他瞭解什麼是「長尾關鍵字」，我打了個比方，例如購買「最好用的投影機型號」、「經濟實惠的投影機」、「超高解析投影機」等關鍵字廣告（為保護客戶權益，以上並非實際建議關鍵字），這些「長尾關鍵字」可以抓到少數族群的客戶，流量雖少，可是購買的準確率十分高，這類的長尾字，便宜效益又更高，最後我再提醒他一次，記得千萬不要再買為人作嫁的關鍵字廣告。

結果，後來可想而知，投影機老闆又更高興了。

有些朋友知道我擅長SEO，就跑來問我，那SEO策略該怎麼做呢？我說其實就是跟關鍵字廣告一樣，你有沒有辦法讓成千上萬的購買型關鍵字都找得到你，而不是主要參考型的關鍵字。

有讀者問我，那不論買關鍵字廣告或做SEO，這些購買型的關鍵字到底要怎麼找的方法，可不可以寫在書裡呢？這個我沒有辦法在書中做簡單的回答，因為各行各業不同，不同行業需要透過不同的分析方式，才有辦法仔細分析出來，如果有這樣需求的朋友，也可以到我

的官方網址：http://www.satisfied.com.tw/ 說明你要規劃長尾關鍵詞，我的助理將可以提供分析服務。

③ 向提升成交率工具借力

網路行銷與一般傳統廣告最大的差異點，其實在於立場上的不同，這部分尤以關鍵字廣告最顯著。人們是因為有需要，才會在搜尋引擎上打上想找的字詞來到網站，這意味著此時我們的服務是被需要。

也因此在兩、三年前只要操作關鍵字行銷的確能得到很大的迴響，獲得客戶來電。

但在人人一網站的今天，搜尋關鍵字後往往出現成千上萬筆的結果，而真正能被訪客點擊進去看的往往是前兩頁的網站。

如果想要擠進去這網路的黃金店面，相對就要付出更高額的租金，也就是網站被點擊一次的費用（俗稱競價排名，出價越高者排越前面）。即便如此，許多做網路行銷的朋友依然不放棄操作關鍵字廣告，只因為它有用，如同雅虎的廣告語：「讓客戶上門」

★ 訪客量不再是問題，成交率才是新課題

但許多朋友開始發現一個問題──「客戶上門了，為什麼不消費？」

有很大的原因是「選擇太多了，想再多看看幾家」。

訪客就這樣看著看著，最後沒有下文。

不僅沒成交，還花費了被點擊的廣告費用。

也有朋友問過我，既然網站來的網友，都已經是有一定精確度的族群，那他們是有想要瞭解更詳細的，為何網站上已經有聯絡電話，

甚至EMAIL、MSN等即時通訊，難道還不夠嗎？

EMAIL、MSN、SKYPE、即時通、QQ等等，但還是會面臨三個問題：

第一：訪客必須有使用同樣的工具，極少的情況，訪客會為了跟你聯繫，而去選擇下載安裝這些工具。

第二：每種工具使用情況不同，有些要先能夠彼此成為朋友，讓網友覺得麻煩。

第三：雖然訪客有工具，但這些工具如果要開啟對話，等於透露了個人隱私，網站商家將取得訪客的即時通訊帳號，多數訪客在還沒有決定購買前，並不願意留下個人資料，避免商家騷擾或者不想讓商家知道：我是誰。

如何讓客戶對我們的網站留下印象、進而消費，就是新的挑戰了，而線上客服系統，就能解決以上的煩惱。

接下來，請想像一下這樣的消費過程：

有一天你想去日本玩，上網搜尋了「北海道旅遊」後進到一家網站，而這趟旅遊又特別希望到北海道的幾個景點玩，所以特別留意網頁上這些景點資訊。

瀏覽過程中，畫面中間竟然跳出了「您好，想出國玩嗎？目前針對北海道有舉行優惠活動，請按下接受對話，將有專人為您解說」

相信有許多朋友對於這樣的巧合多少感到心動，並且抱著「不用透露任何資料，聽他說說又無妨」的心態，而按下接受對話。

接著，每當你提出問題客服人員都專業且迅速地回覆，還沒開口詢問，客服人員又主動為你建議行程中有哪些必玩、必去、該注意的事項，而這些景點又正好在你的規畫之中。這段聊天過程中你除了解決疑問，還得到專業建議與優惠。

你發現跟這家旅行社溝通的過程非常愉快，他們的旅程規畫簡直就像為你客製化般，竟然跟你心有靈犀到這種程度？倍感親切又尊榮的服務就像是老朋友般地了解你。

我想，許多朋友都會對這家旅行社留下印象，並納入選擇之一。

線上客服的服務流程，就可以讓你的訪客有這種感受，而你的訪客完全不知道這一切都是在你的掌握之中。即是──1.知道訪客來源 2.主動出擊 3.訪客瀏覽軌跡 4.快速服務 5.洞悉訪客

1. 知道訪客來源：

當訪客到我們網站的同時，即可知道訪客是透過什麼管道進來，尤其是關鍵字進來的訪客，已經清楚告知他為何而來。有個有趣的狀況，透過雅虎搜尋引擎進來的訪客，有較高機率是要消費的，而透過GOOGLE進來的，有較高機率是找資訊的。這也會影響到下一步我們該怎麼跟訪客打招呼。

2. 主動出擊：

當你都知道對方為何而來，對症下藥一點都不難。再根據訪客使用搜尋引擎的習慣，來發送我們給訪客的第一句話，開啟雙方溝通的大門。

雅虎搜尋引擎進來的訪客：請告知對方按下接受對話，他可得到什麼服務，或是優惠。例如──

想去日本玩嗎？如果近期出發的朋友，來回機票只要××××元，欲知詳情請按下接受對話。

Google進來的訪客：請告知對方按下接受對話後可以得到什麼資訊

EX：如下圖──

網站線上客服

日本導遊鄭錦聰邀請您參加對話

親愛的訪客，您好：我是日本線導遊：鄭錦聰，我們網站的內容盡力詳細，但畢竟網站文字是死的，我從日本線領隊做到導遊已經7年了，個人、情侶、家人、團體都各自有適合不同的旅遊的景點喔！如果你有興趣，我可以就我的經驗，隨時和你分享各地的差異性與不同點，只要你點擊以下：接受對話，的按鈕或左側的客服：鄭錦聰，我很高興有這個機會能夠為你分享我的經驗。

[接受對話]　[拒絕對話]

　　這個旅行社，因為多了這樣的一個功能，網站業績跟去年同時期比起來，平均提高了約50％，旅行社闆非常興奮地表示：「一開始我覺得很麻煩，因為必須安排一個人盯在電腦前，現在才知道，原來一點都不麻煩，只是運用公司原本的行政人員就可以做了，另外更不敢相信，業績可以提升到這麼多，因為這個角色太重要了，我現在已經改為由專業導遊來回答了。」

　　這並不是個案，每天超過三十位有效訪客來造訪網站，用線上即時客服系統，都能夠感受到成交率明顯的提升，所以這實在是網站成交率的利器，歐美及大陸很多網站的商家，幾乎都少不了它，但台灣目前有此功能的網站，實屬少數。

　　3. 訪客瀏覽軌跡：

　　在聊天過程中，我們可進一步追蹤到訪客又看了網站上哪些頁面，可能對哪些服務也感到興趣。來與主商品進行組合優惠推薦，以加強競爭力。

　　4. 快速服務：

　　有許多問題其實是常見的，但若是不同客戶每問一次，就要重打字一次，這是非常不聰明的，若事先做好word檔用複製貼上也要花不少心力。線上客服可建立好的常見問題集錦，透過點擊的方式回覆客戶問題，再加上比對功能，會出現智能答案，可直接提供答案立即為客戶解答。

　　5. 洞悉訪客心理：

　　預知訪客想要說的、或是想要說卻說不出口的，讓服務人員化身為擁有讀心術的談判高手。如客戶想詢問能否有折扣，打好字了但不好意思發問，這些心態你都可以神不知鬼不覺地掌握，此時若你主動提出對方想要的，如「我也很喜歡到北海道玩，真心推薦你去，如果你決定，我再幫你跟公司爭取價格空間，請您留下手機或EMAIL給我，我之後再向您報告」，這樣我們就可以取得與這名訪客的聯絡資料，相較於其他同行，機會更大許多。

　　我花了不少時間尋找提升成交率的工具，發現市面上的工具，很難滿足我的需求，因此最後被迫自己開發提升成交率的工具，後來發現很多朋友看了之後也都需要，因此就開放給大眾使用。

　　開放給大眾使用後，發現很多網友又提供了更好的建議，例如可以自行設定常用的回答設定，還有過去曾經回答過的類似問題，也會立刻出現選項給予客服人員選擇，聲音彈跳視窗……等一系列的功能。

　　這套系統，我給他取了一個好記的名字，叫做：「HI！朋友」，英文是HiFriend，「HI！朋友」除了企業付費版本外，另外我也希望能夠普及大眾，所以也提供了永久免費版，系統還有許多功能，歡迎有需要的朋友，到：www.hifriend.com.tw 有詳盡的介紹，並可以申請永久免費HI!朋友系統。

　　提升成交率工具就是之前所講的締造高成交率關鍵的第五項要點：溫度與互動，線上即時客服系統（websales）。

4 向EMAIL追客系統借力

　　雖然有了魚池致富術的整套知識，但想要將整套知識做到完全自動化，借此達到自動賺錢機器，還是要有一套完善的EMAIL追客系統的工具，跟線上即時客服系統一樣，尋找許久，在國內還是看不到一套適合使用的系統，在這種情況下，只好又再度自行開發EMAIL追客系統，從規劃到程式完成，整整花了兩年多的大工程，耗費許多時間、資金，才讓工程團隊順利研發出這套EMAIL追客系統。

　　沈寶仁是我一位要好的朋友，媒體封他為人脈達人，他有一句名言，我覺得非常經典，如果連跟你交換過名片的朋友，都不能成為你的貴人，那請問你的貴人在哪裡？我把這句話換成：如果連瀏覽過你的網頁訪客，都不能夠成為你的貴人，那你的貴人在哪裡？正因為這個觀念，所以我研發了EMAIL追客系統。

　　我把曾經做過的網路行銷技術與案例，集合成了一套帆達淘金術的電子報，讓網友免費訂閱，你可以到我的網站，很多帆達淘金術的網友，只要網友訂閱了帆達淘金術以後，每隔2～3天就會收到帆達淘金術的網路行銷技術內容，並且每位訂閱者，他是否有閱讀過這封信，何時閱讀這封信，點擊這封信裡的連結有幾次，相關統計數據，這也是EMAIL追客系統的最根本的功能。

　　也因為這樣，所以成功打造了上一章：名單的價值，每張名單高達1500元以上的案例，但在使用EMAIL追客系統的過程中，我發現這套工具能夠使用的創意與發揮，遠比我原本所想像的威力還要大上十倍以上。

　　我剛剛有講一句話：如果連瀏覽過你的網頁訪客，都不能夠成為你的貴人，那你的貴人在哪裡？但我發現EMAIL追客系統，不僅僅可以用在瀏覽網頁的訪客，它幾乎適用在各種實際和虛擬的情況下。

　　我有很多講師的朋友，針對這群講師朋友，我把這句話稍稍做了改變：那如果連聽過你演講的朋友，都不能夠成為你的貴人，那你的貴人在哪裡。

　　有很多學校社團經常都會邀請講師講課，但有時候學校社團擔心會有銷售行為，讓來聽演講的民眾對學校社團觀感不好，所以並不方便提供聯絡資訊給講師，於是當講師演講完後，這樣告訴聽講的朋友——今天時間實在是不夠，我很高興能夠有機會來這邊跟各位朋友結緣，如果你們覺得今天這堂課，對各位有幫助的，我有一個課程影片，價值一千，今天感謝校長主任邀請我過來，所以我想免費提供給各位朋友這個課程，只要填寫這張卡片上的網址及輸入序號，就可以觀看（接下來發卡片），通常學校、社團都還會覺得你很給面子，下次還想再邀請你來。

　　這句話還可以怎麼改呢？如果你是一位作者，連你的讀者都不能夠成為你的貴人，那你的貴人在哪裡呢？

　　如果你是一位歌手、如果你是一位藝人、甚至如果你是一位運動員……，不管商品是自己、或是作品，不管知名度高不高，凡是有機會對群眾散發資訊的，只要想辦法讓粉絲、學員、朋友運用EMAIL追客系統留下名單，我都稱為公眾人物。

　　有學員問我，我只是一個社會新鮮人，並不是你所說的公眾人物，那請問我到底該怎麼做呢？

　　如果是公眾人物，只要運用本身既有的資源，順帶公佈一下就很容易留下名單，如果不是公眾人物，其實也很簡單，只要借流量大的

魚池＋適當的文案，一樣很容易讓人留下名單。

以下是網路上流傳已久的一段經典文案：

1 Min Focus

　　在人潮洶湧的街道上，有一名眼睛看不見的老先生，拿著碗在乞討，在碗旁邊放了一張立起來的厚紙板，上面寫著：「我看不見，請幫助我。」

　　路上過往的人雖然很多，但是願意丟銅板給這位眼睛看不見的老先生，卻沒幾個人，有一個女士經過，看到老先生的那張紙板，在老先生的紙板上，寫了幾個字，就離開了。

　　神奇的事情開始發生了，經過的人群，開始絡繹不絕地丟銅板給這位老先生，這個女士到底是寫了什麼字，讓大家都願意奉獻自己的愛心呢？

　　紙板上面這樣寫著：「今天真是美好的一天，可是我看不見。」

　　這就是運用文案的力量，簡單的一句話修改，立刻引發了同理心，這邊有兩個關鍵，一個是文案，另一個是需要有正確族群的人潮路上，如果今天是在貧民區或沒有人潮的路上，再好的文案，威力也就弱掉了。

　　你可以借力人潮洶湧的地區，加上適合的文案，一樣可以獲取不

少名單，哪些是人潮洶湧的地區呢？就看你要的族群對象是誰。

如果你是賣棒球用具的，那棒球場開賽前一小時，就是人潮洶湧的地區，你賣的是保養品化妝品，那百貨公司前就是人潮洶湧的地區。

老師，可是我是賣課程的，我說你是什麼課程，他跟我說是股票課程，我跟他說：那證券公司開盤收盤，就是人潮洶湧的地區，不管你賣什麼，總是會有一個場所的聚集時間與聚集地，也就是魚池的最佳場所。

「老師，我開的是一家豆花店，我整天都要顧店，沒辦法到處跑，那我該怎麼做呢？」

如果你擁有一家小吃店，你的客戶並不需要太多，因為你的店面能夠服務的人數是非常有限的，重點是如何讓來到你店裡的客人，未來都還會再來，來到你店裡吃東西，就表示已經是成交客戶，這是最好的魚池，你可以直接做一張問卷，朝向超級魚池努力，讓老顧客持續消費才是王道，前提是你的小吃必須真的好吃，如果客戶覺得不好吃，請先改善你的商品，不然廣告促銷做越大，雖然可以暫時性地增加客人，但很快未來客人都知道你這家店不好吃，就不會再來了。

「老師，流量我懂了，可是這個文案要怎麼寫呢？」

我先給各位看一張照片：

　　我在2011年12月的時候受邀參加第46屆世界互聯網高峰會，有一位大陸老師叫做劉克亞，在大陸相當知名，也是互聯網高峰會跟我同台的講師之一，在高峰會大樓的入口處，有一個人拿著一個箱子，在箱子前面貼一張紙，如上圖所示，上面寫著劉克亞粉絲，留名片，獲全部名單。

　　這是一個叫馬歌的學員做的，他請了一個工讀生去拿那個箱子，自己在旁邊看，那場互聯網峰會總參加人數，我個人目測大約七百多人，後來我問他，總共收集了多少張名片，後續效應有多少，他跟我說：「總共收集了320張名片。」馬歌又去深圳的一場中小企業老闆會議裡，也同樣擺箱子，現場兩百多位老闆，馬歌的箱子大作戰就拿到一百多張老闆的名片。

　　後續效應：

　　1.我經常維護這群人，其中好多人找我做顧問，我也促成了很多合

作。

2.每月做一～兩場戶外交流，好多人都是從裡面衍生出來的。

當我跟學員做這個方法分享的時候，有學員說：「那老師我去別人的場地，會不會被打，人家同意我這麼做嗎？另外給人家名單合法嗎？」

1. 你不要進入別人的場地，你要站在場地外面的馬路上，那屬於公共區域，別人自然沒有管轄權，也不能夠干涉你做什麼。

2. 以馬歌這個案例為例，很多人覺得有趣，紛紛想跟他合照，你可以看看以下的照片，親愛的朋友，如果你的粉絲在這邊幫你做人形看板，也表示你夠知名了，你看到粉絲怎麼會討厭他呢？當然你既然借用人家的名義，就要替人家好好說話，除非你是他競爭對手，惡意搞蛋，那這樣做自然會被討厭，讓我們來看看以下馬歌蒐集名單過程的照片。

3. 留名片，獲全部名單，本身就已經意味著，你的名單我也會給他人，所以如果你同意留下名片的話，雖然我會給你名單，但也表示你同意將你的名單留給他人，所以以這樣邏輯來分析的話，應該是合理的，但其實你不一定要寫留名片獲得全部名單，你也可以寫留名片、送×××，文案任你發揮。

4. 馬歌後來跟我講，他後來將文案改寫成：馬歌名片箱，組一個團隊，希望人家一看到箱子就知道是馬歌團隊，開始做起品牌來了。

「老師，你剛剛說的都是實體獲取名單的方法，我想在網路上找名單，有沒有方法呢？」

實體跟網路都是一樣的道理，網路上哪邊人潮洶湧，就往哪邊去，有很多論壇，人潮相當多，你可以把文案放在那邊，這就是借大媒體平台的流量，變成自己的流量，只是跟現實最大的差別是，網站主或版主，很有可能刪除你的文章，你要去想、去思考的是——如何能夠讓網站主或版主，看了你的文章之後還不刪除，關於這個技巧，在我的網站裡，我有錄製兩段教學影片，分別是：「零基礎的網路流量擷取術」、「震撼流量的三角戰術」。如果你有興趣，可以到我的網站免費學習：http://www.satisfied.com.tw

✴ EMAIL追客系統之跨雲端行銷

國外有一種函授課程，亦即每幾天發一個課程給學員，也是用EMAIL追客系統來實踐，所以EMAIL追客系統，除了可以做自動追客以外，如果是網路虛擬商品的話，還可以依照時程來發送商品，這也是一種很方便的自動供貨方式。

隨著自己用EMAIL追客系統的成功，我在想如果名單可以自動幫

忙做轉介紹增加，不是更棒了嗎？例如：如果名單裡的網友幫忙帶來幾個IP流量或完成訂閱幾張名單，就給予提供轉介紹的網友什麼樣的好處與價值，並且也整合聯盟行銷系統，我把這樣的系統稱為跨雲端行銷系統。

我自信滿滿地推出，跨雲端行銷系統，並廣招學員使用，最後卻徹底失敗了……，讓我對我的學員，非常的內疚與自責，事後我檢討原因，發現兩點導致失敗最重要的兩個關鍵因素。

第一個因素：在魚池階段要做到轉介紹的難度是相當高的，必須要真實完整使用，成為超級魚池用戶，這時候再請你的超級魚池用戶做轉介紹，才有威力，這點並不是主要原因，因為我知道了以後，就可以立刻改善。

第二個因素：這才是造成徹底失敗的主要因素，過去我用自行開發的EMAIL追客系統，我個人的名單數量有限，所以電子郵件都可以很順利發送。然而大量學員開始使用後，大量的信件開始發送，造成各大ISP嚴重擋信，多數信件都跑到垃圾信件夾，甚至遺漏信件，直接被擋，而EMAIL追蹤的根源就是信要能夠讓人收到，如果收不到信，一切的功能都是沒有意義的。

我到處找解決之道，我發現雖然我們並非發垃圾信件，而是許可式的會員信件，但想要一天要發完數百萬封信，且不被退信、並希望將垃圾信夾機率降到最低，幾乎是不可能辦到的事情，我問遍了所有能問到的技術朋友，都無法解決這個問題，就這樣我整整卡住了一年。

我知道這個問題一定有辦法解決，不然銀行的電子帳單怎麼辦，那些擁有上百萬名單的大型企業怎麼辦，因此我不再尋找技術相關的朋友，我開始找大企業的朋友，瞭解他們如何解決這個問題，最後才

瞭解到，原來全球擁有這項技術核心的公司，只有三家，可是如果要採用這三家的核心來做，發信成本實在不低，而我最希望的是能夠將這樣的系統，給中小企業甚至個人使用，如果發信成本的門檻降不下來，就算合作了，也沒辦法實踐我希望給中小企業或個人使用的願景。

我不斷地訴求希望能夠共同幫助中小企業的理念下，終於這三家公司其中一家被我的誠意所打動，願意降低合作門檻，讓我得以解決這個超過一年都無法解決的問題，現在EAMIL追客系統，終於能夠擁有最高的進件率。

在這一年裡，我除了解決這個問題以外，我還發現許多的問題，有許多中小企業，經過努力下，終於也認同魚池對企業的重要性等同於企業的命脈，他們也願意開始使用EMAIL追客系統，但大多數中小企業老闆，對網路行銷並不熟悉，沒有時間寫文案，也沒有專業人才，做培育信任度……等。

為此我又傷透了腦筋，所以在這一年裡，我除了想辦法解決發信機制以外，更重要的是最後我又發展出一個新的平台，這個新的平台，就是魚池矩陣平台，也就是把巨人的魚池都聚合起來，並將它系統化、平台化，使之能夠有效幫助中小企業解決初期名單不足的問題，是一個威力最強大的超級魚池矩陣平台。

5 向超級魚池矩陣平台借力

為了啟發讀者的行銷智慧，我並不希望直接介紹超級魚池矩陣平台的使用方式，工具的使用，都可以在網站上找到，有興趣的讀者，可自行上網瞭解，在這本書中，我想要分享給讀者的是，為何我當初會開發這些工具的構想，以及製作這些工具的心路歷程，我相信從這

些過程中，可以讓讀者更加瞭解，如何運用行銷的智慧。

＊1.教育培訓系統

這兩年網路行銷及網賺在台灣造成一定程度的流行，讓許多朋友都成功打造出數十萬的粉絲團以及數萬筆具有信任度的名單，不過還是有很多朋友不知道如何：——1.有效快速的蒐集名單、2.製作超級魚餌、3.寫追售信內容、4.寫成交文案內容、5.培養名單、6.如何借他人商品、7.工具如何使用……一連串的問題，因此在超級魚池矩陣平台，我把所有網友可能有的問題，通通做成教學影片，在網路上即可學習，畢竟再好的工具，如果不知道如何運用，也是枉然，所以超級魚池矩陣平台的第一個系統，就是教育培訓系統。

＊2.EMAIL自動追客系統

解決了教育培訓的問題之後，但這些教育培訓，如果沒有一套適合的工具，操作起來將費時費力，而這些教育培訓裡所講的方法模式，我都已經設計到EMAIL追客系統，讓教育與工具可以完全結合。

其實EMAIL追客系統，不止解決了與客戶做溝通與追售的行為，在我從事顧問的過程中，許多客戶的網站都有幾萬筆，甚至幾十萬筆會員，但是他們卻不知道，如果你也有數千名以上的會員，你應該都要檢視一下自己的發信是否有順利送出去，檢視的方法很簡單，如果你有一萬個會員，你可以申請100個主要的免費信箱，每100封信，就卡一個免費信箱在裡面，然後你去檢示這些免費信箱，有多少個信箱沒有收到，然後乘以100，就大概能知道有多少人沒收到信。

申請主要不同的免費信箱很重要，千萬不要申請自己的信箱，因為公司自己主機的信箱通常是不會擋信的，而根據統計，有高達87％

的使用者都會使用免費信箱，尤其是YAHOO、GOOGLE、MSN這三大主要信箱更是不可錯過。

經過這樣的檢測分析後，我們發現大多數的網站電子報，發出去的會員EMAIL幾乎都被擋掉至少一半以上，甚至還有遇過擋信超過九成以上的情況，業者完全不知道，難怪行銷會沒有效果，EMAIL追客系統採用美國矽谷最先進的技術，完全解決大部分中小企業所遇到的問題，讓有心利用魚池致富理論的朋友，能夠有最強效果的發揮，所以超級魚池矩陣平台的第二個系統就是EMAIL自動追客系統。

＊3.跨雲端行銷系統

這兩年台灣流行聯盟行銷系統，很多人沒有產品，聯盟行銷系統提供了商品、金流、物流、文案，讓推廣者可以用最省力的方法進行產品的推廣，而聯盟行銷系統主要以成交計費機制，對商家來說更是沒有任何的風險，因此在國外廣受商家與推廣者的喜愛，機制也非常成熟。

但聯盟行銷機制，較適合的是銷售比較不需要解說的商品，讓人在網頁上一看就能夠明白，並且可以直接購買及出貨，針對許多商品，是需要溝通、解說、甚至專人到場說明，在這些情況下，都不容易靠聯盟行銷解決問題，因此我在2011年7月發表了跨雲端行銷系統，就是為了解決此問題，跨雲端行銷系統主要是分享客戶終身價值為主要概念。

有一次我跟一位朋友聊到，這位朋友過去替很多教育訓練機構做招生業務，每次的招生總要動用自己全部的資源，而幾次下來後，發現這些教育訓練機構，慢慢地不再需要他了，因為這些教育訓練機構已經有很多的名單，當然這些名單都是他過去努力累積的人脈成果。

　　我們都知道一間公司最困難，一定是初期的開發，當公司經營穩健後，知名度逐漸打開，資源慢慢豐富後，開發團隊就不再那麼重要，而所謂的開發團隊，通常就是打下江山的最重要功臣，而我朋友替公司做了最重要的事情，並且當這些公司茁壯後，卻不再需要他，這種情況，幾乎在任何行業都看得到。

　　如果你離職了，老闆還會給你一輩子的獎金？你認為這有可能嗎？我可以給你，趕快跳槽吧!!!

　　任何人都知道，開創事業最困難的就是初期開發，如果初期開發能夠做好，公司才有將來可言，當客戶成交後，在行銷的理論裡，才開始重複消費跟轉介紹消費，這將會為公司帶來龐大的利益，在上一章我們有提到，這稱為客戶的終身價值。客戶的終身價值幾乎都跟初期的開發團隊沒有關係，這是很不公平的，客戶除了初期成交能夠產生利益以外，更重要的是後續龐大的終身價值。

　　而跨雲端行銷系統的目的就是讓您最辛苦的開發團隊，都可以分享到客戶的終身價值，也是因為這樣才可以做到，一次付出，終身被動收入。

　　打個比方來說：如果你幫我介紹了一位朋友，這位朋友不管有沒有成交，系統都會持續跟進你介紹的朋友，並保持連絡，當然這一切都必須經過你朋友本身的同意下進行，完全不會給予騷擾行為。

　　而你這位朋友，未來這一輩子不管在任何時期消費，只要有消費，系統都將提撥一份回饋的佣金，而發生的這一切，都是由系統作業，也就是說你除了一開始的介紹外，你就什麼事情都不用管了，更重要的是這一切都發生在網路上，也就是說介紹的朋友對你來說也可能是陌生人。

　　再打個比方，如果你是一家公司老闆，你若對員工提出一個計

畫，跟員工講：以後就算你離職了，你在職期間所創造出來的一切剩餘價值，同樣都可以領到獎金，不管是業務、還是當初寫文宣的企畫，這就是所謂分享客戶的終身價值，因此跨雲端行銷很容易吸引到一群為你打拚賣命的人才。

如果你是一位上班族，若你的老闆對你提出這樣的計畫，你是不是很樂意替這家公司打拚，因為你知道除了創業外，你也有機會跟老闆一樣，付出一陣子，獲得一輩子。

在沒有員工配股時代，一旦你的競爭對手實施員工配股後，好的人才勢必被吸引走。如果你是一個老闆，你的競爭對手對他的員工提出分享客戶終身價值，而你自己的公司卻沒有提供，試想，你的人才會怎麼做，這個人才會不會想要跳槽到有提供分享終身價值的公司。銷售服務性的產業，未來必須要引進跨雲端行銷的概念，否則將被淘汰，不管你同不同意，這將會是一個無法阻擋的趨勢。

以上是我在2011年發表的跨雲端行銷概念，其原理就是聯盟魚池的原理，聯盟行銷的原理就是推廣＋銷售，做法是推廣者推廣銷售網頁，進而讓消費者進行購買。而跨雲端行銷的原理是推廣者推廣的並不是銷售頁面，而是魚餌頁面，讓訪客留下名單，利用EMAIL追客系統去成交，這樣不管有沒有成交，或成交幾次，推廣者都可以得到客戶的終身價值，讓客戶終身價值不再只是傳統公司所擁有而已。

所以跨雲端行銷其實就是，聯盟魚餌＋聯盟行銷兩套機制並行，在過去跨雲端行銷因為發大量信件的技術問題導致失敗，直至解決這個問題，才得以再度成功，所以超級魚池矩陣平台的第三個系統就是：跨雲端行銷系統。

✳ 4.魚池矩陣系統

跨雲端行銷系統，雖然理念架構很好，也解決了大量發信的技術問題，但其實也遭遇到了一些人性上的問題，商家一開始跟我們合作，學員也用心推廣，取得一定的成交客戶以後，因為商家必須要寄送商品，所以商家也因此能取得客戶名單，但後續多數商家認為，這些已成交的客戶，已經是他們的客戶，所以後續並不在我們平台裡做銷售，他們也可以銷售，這樣也不能說商家有錯，畢竟市場目前觀念是如此，但也等於破壞了分享客戶終身價值的概念。

為了解決這個問題，最後我發現必須要單純化，有些商品適合用聯盟行銷，有些商品適合用聯盟魚餌，但有些商品，則兩種都不適合，舉個例子來說：公司用的影印機，必須每月維護。影印機業者初期一定要跟客戶溝通，才知道適用哪一種機型，所以很難直接用聯盟行銷成交，而後續每個月維護則屬於實體交易行為，很難用聯盟魚池來規範，對於這兩種都不適合的，則讓他最單純化，以推廣廣告計費模式運作。

起初我只是為了解決這個問題，所以延伸出這樣的方法，但想不到延伸出的方法，卻能夠實現魚池矩陣理想，把整個魚池理論的實踐，變得再容易不過，威力更是難以估計，實在出乎我原本的意料之外，因此超級魚池矩陣系統的第四個系統就是：魚池矩陣系統。

魚池矩陣系統，到底是什麼呢？簡單來說就是我要買魚池、我要賣魚池，就如此簡單。

買魚池賣魚池並不是買下他人的名單，或者賣名單給他人，一來這是沒有信任度的名單，只是一種垃圾信、二來也違反法令。買賣魚池指的是：透過魚池主對自己魚池去推薦商家的文案。

首先我們先想一想，誰會想要成為這個平台的用戶，無疑就是想實踐魚池理論的朋友，所以我才會規劃教育培訓系統、也才會規劃EMAIL追客系統、跨雲端行銷系統，所以如果要成為平台用戶的朋友，勢必都有自己的魚池，或者想要打造自己的魚池，也就是說用戶都擁有一定數量並具有一定信任度的魚池。

大多數的朋友，可能沒有自己的商品，或雖然自己有商品，但商品數量有限，魚池名單如果不能有效利用，那將會讓魚池停止購買，難以達成「超級魚池」的境界，所以也必須借重別人的商品，推廣適合的好商品，以增加魚池對魚池主的信賴度，也可以順帶獲利，所以這類的朋友，需要尋找好商品推廣，也就是以上所說的，我要賣魚池。

大部分的商家，雖然擁有自己的商品，但總希望能夠透過更多的廣告，來曝光自己的商品，雖然有了跨雲端行銷，但往往因為各種公司政策、定位、商品屬性……等各種原因，而造成無法使用跨雲端行銷機制，只能購買廣告，而魚池矩陣系統的我要買，就相當於買更具威力的廣告，因為除了族群更加精準以外，同時可以將魚池對魚池主人的原有信任度，轉介紹過來，造成最高的成交率，這是現有廣告形式都難以匹敵的，這就相當於是我要買魚池。

有許多商品都擁有強大的後續重複消費性價值，但商家因各項原因，難以分享其終身價值，但商家可以買廣告，所以這邊的買賣魚池，相當是「廣告」的意思。

商家可自行上架自己的商品文案，說明希望推廣者是哪一種魚池屬性，並且自行設定每一張名單，商家願意出多少費用給魚池主，平台用戶看見商家的介紹後，有興趣的魚池主，只要點選確認推廣，商家就會看到這個魚池主的屬性，魚池主的這類名單有多少數量，如果

商家覺得魚池主的名單屬性合適，商家只要點選同意推廣，那信件就會把魚池主的魚池結合商家的文案，由超級魚池矩陣系統發送出去，由於發送者是官方，所以讓魚池主與商家都是可以被信賴的，訂價由市場機制自由決定，相對的商家能找魚池主，魚池主當然也能夠找商家，這就是魚池矩陣系統的核心概念，這也是為何魚池矩陣系統將能夠有效幫助眾多好商品的中小企業。

學員可能會問：「老師，這樣我會不會幫人推廣，名單信任度就降低？」

有些朋友不願銷售商品給自己的魚池，怕傷害到自己的魚池信任度，其實這並不正確，如果你不銷售，那將難以養成超級魚池。我們來看看之所以銷售會傷害魚池的原因有三個：

一、你讓魚池裡的人們覺得你銷售商品是為了獲利，而不是為了幫助他們，也就是魚池信任度不足，這是最重要的原因，你一定要知道，銷售是為了幫助人們，獲利只是因為你幫助人們，所順帶給你的報酬，如果你的心態是反過來的話，那人們是可以感覺到的。

二、有些網友並沒有這方面的需求，當初可能是因為好奇心大於需求所以註冊，這部分的網友本來就不該是在魚池裡，而銷售正好可**篩選**這些本來就不應該在魚池的朋友。

三、你銷售的商品讓魚池的群眾覺得並不是好商品。

所以重點並不是銷售會破壞信任度，而是以上三點問題，但怎麼做到，的確有些操作技巧，所以也才要在教育培訓系統裡，透過影片一一教學，告訴用戶怎麼做才是最好的。

筆者在撰寫本書的時候，雖然超級魚池矩陣平台尚在開發最後階段，但由於我將此概念分享給一些朋友過，目前支持朋友的累計會員

名單，就已高達數百萬名單，

　　而且這些可不是垃圾信名單，都是各大網站的許可信件，為了避免虛假名單、垃圾名單，平台也必須有各項嚴格審核名單正確性的機制。

　　當然有些朋友說：「老師，我是魚池主，我想讓我的名單更多，我可不可以利用魚池矩陣系統，但不花錢也能買廣告呢？當然可以，當你幫別人推廣時，又會得到商家給你的廣告費，在我們系統我們將轉換成點數，你可以將這些點數，一樣去買廣告，不就等於不用花錢了，運用這樣的方法，達到魚池交換的目的。

　　過往，我跟很多朋友合作推廣商品，每次的合作推廣，都必需經過層層的溝通，一個合作夥伴談下來，往往費時費力，而魚池矩陣系統，讓魚池交換，魚池合併都變得更加簡單，快速，方便。

＊5.人脈借力系統

　　目前社會上最容易也最快的成功方法，就是用資本滾資本、用資源滾資源，所以演變成有錢人變得更有錢，窮人變得更窮，但我的本意並非只想幫助有錢人變得更有錢，而是希望也能夠幫助，像我本人一樣，曾經什麼都沒有的平凡人也能夠有機會擺脫貧困，達到經濟自由，所以我發現借力是最容易也最快可以讓窮人翻身的方法。

　　目前魚池矩陣系統就是一套借力的系統，借智慧（教育培訓）、借魚池、借商品，而魚池矩陣平台的最後一個系統，就是借人脈，我把他稱為人脈借力系統。

　　如果有一顆仙丹，可以讓人起死回生，那你覺得這顆仙丹可以賣多少錢呢？如果賣給一般人可能值幾百、千萬，如果賣給有錢人，可能值幾個億，如果賣給全世界的前十大首富，可能上兆都有可能，因

為人命是最寶貴的，有錢也買不到。

所以同一個商品但對每個人的價值都不同，魚池矩陣平台最重要的就是要有龐大的高信任度的會員名單族群當作背後靠山，那價值才容易發揮最大化，所以借力平台就是指——如果A朋友，推薦了B朋友進來，B朋友可能未來養成名單，也可能一開始就擁有優質且有一定數量的會員名單，未來B朋友在超級魚池矩陣平台裡，所賺取的利潤，A朋友也能獲取等比例的利潤。

你推薦了一個B朋友，B朋友不需要推薦任何朋友，B朋友可能慢慢經營他的魚池，也可能一開始因為他的本業關係，就擁有了大量的魚池，B朋友可以利用超級魚池矩陣平台來獲利，而A朋友只是介紹了B朋友，也能夠跟著一樣能夠獲利。這就是人脈借力系統，有些朋友沒有大量的名單，也不想蒐集名單，但他有很高端的人脈，這可不是多層次直銷，一來沒有所謂的多層次的佣金制度，二來獲利也不是建立在推薦人加入或銷售上。

因為台灣目前中小企業太多都需要有效的名單，而擁有有效名單的人比較少，我們知道任何行業都是供應與需求的平衡問題，所以只要有優質名單的人，有許多企業都需要，就像是關鍵字廣告一樣，魚池矩陣系統，就類似是一個提供關鍵字廣告的供應商一樣，而且更快速、更具威力、更有效果，是所有需要廣告的企業都需要的服務。

在本章節，介紹的工具，我相信是未來一種全新的行銷模式，本章節在介紹工具的過程中，更是運用各種商業模式的整合，相信這些商業模式，對很多朋友都能夠有一定的啟發，祝福你在網路致富的路途上，一路順利。

PART 5
邁向未來篇

You Can Make Money with
Internet Marketing

chapter 11 借力新台灣經驗，
拓展全民網路外銷

　　萬物皆漲，唯有薪資不漲，根據主計處公佈數據，台灣目前薪資收入和十四年前一樣，我想這個數字還說得好聽、保守多了。在二十年前，我在便利超商打工的時候，一小時的時薪是80～100元，二十年後，普遍物價都翻一倍以上，房價更是翻了好幾倍，時薪卻只有100元左右。

　　政治惡鬥情況下，媒體在罵、民眾在罵，所有人都在罵，曾幾何時，台灣的經濟奇蹟淪為歷史口號，回顧歷史，在奇蹟的年代，從傳統到科技，都是靠出口貿易創造奇蹟，賺進外匯，全民收入才能提高，內銷不管如何發達，畢竟市場太有限，而且內銷只是把一個台灣人的錢，放到另一個台灣人上，總體台灣的資產，並不會增加，這是人人都懂的道理。

　　台灣原本主要出口貿易靠歐美，近年來歐美的金融危機、經濟衰退，讓台灣的經濟更陷入膠著，而中國內地、韓國相繼崛起後，更讓台灣，從出超演變成偶爾入超，近年台灣每年對大陸出超六、七百億美元，如果沒有這筆大陸龐大的出超，台灣將每年入超數百億美元，全民將會變得更窮。

　　2011年對大陸及香港地區出口1240.5億美元（佔總額40.2％），進口452.8億美元，順差達787.7億美元，遠超出台灣其餘主要外貿市

場，政府當然知道這個情況，近年來，觀光局努力地在國外推展觀光，讓外國人能夠到台灣觀光，賺取外匯。

在嚴長壽總裁的《我所看見的未來》一書裡，寫了許多台灣觀光產業未來適合的發展藍圖，我深受其信念感動，也希望能夠用網路行銷增加國人競爭力，因此寫下本章節，我想就從觀光開始談起好了。

近年來台灣積極行銷觀光，外國旅客的確比過去成長很多，但台灣的觀光產業真的準備好了嗎？

我有一些旅行業者的朋友，深入了解後發現，現在的陸客來台的行程，多數都是敲金路線，旅行業者給陸客安排的購物路線，都是旅行業者配合，就說一家鳳梨酥店的合作，每買一盒鳳梨酥，鳳梨酥老闆就要退6～7成的佣金給旅行社，我吃了那個專為陸客準備的鳳梨酥，吃了之後，就知道為何要退旅行業者高達6～7成的佣金，賣的價格高，品質卻粗糙無比，在這樣的旅遊業者的安排下，這趟觀光如何讓陸客留下感動呢？如何願意再來呢？

我有些商務的大陸朋友都來過台灣，由於是辦商務簽證，所以來到台灣可以漫遊，可以自由行，幾乎所有的朋友，回大陸後，都希望有機會再來台灣旅遊，像王紫杰老師也是其中一位。

大家都說陸客素質差，但我招待過的大陸朋友，卻完全沒有這些現象，我就好奇地問他們，他們是這樣說的：「來到台灣，看到大家都愛乾淨、守秩序，自己也就自然地想要遵守秩序。」

我盡力地做到讓大陸友人舒適感動，大陸友人就會很自然地同等回饋給你，兩岸語言完全沒有問題，完全可以自由行，我們的優勢絕對不是美景與都市，相對的是慢活，才能夠感受到台灣之美，所以透過商務旅遊來台灣的朋友，都能感受到台灣的幸福。而旅遊業者所安排的固定行程，很難感受到台灣的軟實力，所以陸客中流行著一句

話：「感嘆，台灣不去會遺憾，去了也會遺憾。」

我想你可能正在懷疑，這個章節是在講網路行銷嗎？

我們可以想一想當外國的朋友來台灣旅遊後，希望帶回去的是感動，未來還要再來台灣，甚至轉介紹，還是希望遭受到罵名呢？台灣的觀光是要急於賺取外匯，還是將國際友人變成我們的超級魚池呢？

這兩年來台灣的網賺及網路行銷的課程紛紛崛起，我看到很多網路行銷的培訓公司，都還沒準備好，就急於淘金，以致讓很多對網路行銷或網賺的朋友，紛紛覺得網路行銷課程多在騙人、無效。更甚者，甚至同行間互相謾罵，毀謗對方，以致於連帶大眾對網路行銷的教育訓練，起了質疑，這讓我非常得難過與失望。

有些人看到這兩年網路行銷課程火熱，學了國外網路行銷的一招半式之後，就打著網路行銷的名號，出來從事教育訓練招生，這並沒有錯，但為了急於私人賺錢，在經驗與實力還不完善的時候，就大喊口號，甚至給予錯誤的觀念，讓更多人受害，更不相信網路行銷，還有在教網路行銷的老師卻打著：不要相信網路行銷大師的口號，讓大眾更不知道到底應該相信什麼。

在我的網路行銷培訓裡，強調人人都應該成為大師，所謂的大師我說的是信念，並非像國外賺到多少錢才叫大師，我強調的是：所做的事情是有益於社會，其精神是可以被模仿與學習的，才能稱之為大師。

我體悟到，台灣的優勢在於軟實力，只要將商品帶入軟實力，借網路行銷之力，前往大陸，進而發展全球，才是解決台灣經濟的根本之道，而非一直打內銷市場。

我在撰寫本篇時的這兩天，看到了以下新聞：

一、台積電董事長張忠謀說，台灣不缺「台、清、交、成」的碩

博士生，也不缺基層人才，但缺乏有創意、會創新的中階人才；更缺少把科技轉換為經濟價值的人才。

二、中研院院長翁啟惠說，有能力創新、創造產業新價值，就是人才。創新，不一定只有技術面創新，其他如設計、營運模式、組織、環境思維及文化也都要能帶來新價值，且要能容忍失敗及不斷嘗試，台灣才能真正提升競爭力。

台灣不缺好商品，也不缺人才，並且更具有文創產業最重要的軟實力基礎。創新，其實非常簡單，只要在原有的商品上，找到新的價值點，就是一種創新，事實上這就是行銷包裝。

有一次我在世界華人講師聯盟裡聽到柯耀宗總裁的演講，柯總裁講到：「原本無人問津的地方，只因為在地上畫一條線，就變成超級觀光景點，這條線就是北極線，跨越這條線，就是北極圈，這就是文創，就是創新。」

✱ 台灣獨有的優勢

世界最大的市場在中國大陸，全世界都知道一定要進中國這個市場，但中國令人難以信任，相對比較願意相信台灣。東方人特別講究：「關係」，這是西方人很難搞懂的，西方人相信獨立性與公平互利原則，東方人則重視家族利益、群體利益、或者說關係利益，非我族類，是不被信任的，所以也才會產生喝酒成交生意的文化，懂得東西方關係是台灣的**優勢之一**。

台灣人則處在兩者之中，所以西方人比較容易跟台灣溝通，台灣也有辦法理解關係，能夠跟大陸人用關係溝通，且與大陸還有語言上的優勢。想想，無法溝通如何產生信任呢？所以前進大陸，台灣具有獨到的優勢，語言是台灣的**優勢之二**。

台灣很相信日本的商品品質，而大陸對台灣的商品，就像我們對日本一樣，是有一定的評價與信任度的，我在大陸旅行數十個主要城市，看到許多號稱來自台灣的品牌，在台灣土生土長的我，卻有高達90％以上的品牌，我在台灣沒有見過、聽過，甚至將這些號稱台灣品牌記下來，特地在台灣找尋，連搜尋都搜尋不到。我在大陸從事商務這幾年，體認到大陸中小企業並不會想開發台灣市場，因為大陸市場就已經做不完，但大陸中小企業很渴望跟台灣合作，因為台灣就是最好的品牌，最好的形象，如果說自己的商品能賣到台灣來，對陸商的形象將會大大提升，陸商並不是真的想要在台灣賣商品，只是希望能夠借重台灣形象。從這點逆向思考來想，就知道台灣的商品在大陸有強大的競爭優勢，台灣品牌是台灣的**優勢之三**。

如果你去過中國內地，就會發現他們的服務人員，服務素質普遍低落，大陸教育訓練是全世界執行力最強的，員工每天都在喊口號，

總部每天都在提供訓練，反觀台灣的服務人員就算沒有接受過任何服務訓練，服務素質也遠超過大陸，為什麼會這樣呢？

服務人員在中國是薪水很低的工作階級，這些人大多數從內陸來，多數的服務人員從來都沒有被人服務過，因為沒有被人服務過，所以自然就很難理解什麼叫做服務，我問大陸的服務人員，什麼是服務，他回答我：「顧客就是上帝。」

而台灣以服務業為主，服務已經很自然地內化成生活的一部分，因為我們常常都被服務，所以自然就知道什麼叫做服務，台灣的服務不是將顧客當成上帝，而是將顧客當成家人、朋友，服務更好的，甚至像照顧自己的小孩一樣照顧顧客。熱忱就是台灣的**優勢之四**。

台灣地理位置位於亞太中心，適合發展成轉運中心、物流中心、運籌中心，台灣到上海、北京、廣州這三大主要城市，都不超過三個小時，而中國內陸很多城市要到達這三大城市的都要來得比台灣遠，地理位置是台灣的**優勢之五**。

✱ 新台灣經驗

台灣有許多獨特的優勢，但這些優勢如果不能為大陸提供價值，那這些優勢，就毫無作用，所以我們最大的價值是什麼呢？——新台灣經驗。

根據2012的中小企業白皮書公布的資料：2011年企業總計131萬791家，中小企業有128萬9千家，占全體企業家數的97.68％；中小型服務業約102萬4,979家，占中小企業總數的八成。中小型服務業以內銷為主，其就業人數占整體中小企業總就業人數的五成以上。根據WTO公佈的國際貿易統計，我國服務貿易出口全球排名已由2000年的第18名一路下滑至2008年的第28名。

　　台灣是以中小企業為主，過往的台灣經驗已經成為歷史，我不想提及科技業、製造業……等等各大企業目前在做的，很多個人或中小企業都沒辦法做到這些，這些跟大部分的民眾關聯太有限，在這裡我想要講的是台灣獨特並且具有全民優勢的絕對優勢。

　　中國發展的速度很快，雖然台灣經驗不能夠完全套用在中國身上，但發展中國家的模式，還是有一定的軌跡可循。食、衣、住、行、育、樂，是人性的需求步驟，目前中國內地也已經從食衣住行走向育樂，想要學習品味樂活，而育樂兩方面，更是台灣這二十年來的最重要的新台灣經驗，這是現今台灣最重要的價值，這些價值，就是新台灣經驗。

　　台灣有很多中小企業，有很棒的商品，有很好的商品故事，搭配完善的行銷文宣、影片……等等資源，要開發這些行銷資源到完善程度，都需要不小的成本，而兩岸的語言同屬中文，文宣上也僅僅只需要把繁體字改成簡體字，我們可以用很低的成本，把整套商業模式帶到中國，我有幾位朋友原本在台灣只有不到十家分店，到大陸發展後，輕易地就擴展成數百家分店，台灣其實行銷能力不弱，只是對大陸的不熟悉，而不敢踏入新市場，所以成熟的商業模式，這是台灣價值。

　　以下我列舉一些案例，都是很棒的台灣價值。

＊ 軟文化傳遞：

　　例如時尚、心靈成長、兩性關係、親子教育、胎前教養、溝通、個人成長規劃……台灣近年來的小人物翻身日記，這些都是重視生活，許多都是依靠個人品牌，經驗豐富，而中國的講師，主要還停留在潛能激發、管理……等企業領域。

＊ 宗教藝品：

　　大陸開放宗教後，佛教在大陸的傳遞，速度非常迅速，而現在在中國有名的大師，幾乎都是台灣過去的，所以很多老百姓看到台灣的宗教老師，都視為大師級人物，台灣開光過去的佛教相關物品，也變得相當熱門，這也是很大的商機。

＊ 風水算命：

　　台灣一些風水算命老師，在大陸都儼然變成大師，因為這些是經驗的累積，大陸在開放之前，都因為文革已經斷層了，經驗不容易複製，而且大陸人非常重視風水，幾乎所有稍具規模的商家，都會請風水老師指點，我有幾個在台灣生意普通的風水老師，去到大陸沒幾年，年營收就已經人民幣破億了，我認識一個賣風水算命的教學光碟，月收入竟然也高達數十萬人民幣。

＊ 責任態度：

　　有一次我跟中國的友人聊天，這個友人是大陸政府部門的，最近他要找一個鄉下單位的國中校長，我開玩笑跟他說：「那我去好了。」他竟說：「你真的願意嗎？」我說：「可是我只有高中畢業喔，我這樣的人可以當校長嗎？」他回答：「你的心胸寬大，責任、態度、愛心更是少有，這才是擔當領導的最重要本質。」我聽完了訝異地反問他：「真的嗎？」友人回答我：「你如果真的願意的話，我很高興。」

　　我在台灣並不覺得我有多偉大，凡事求做到最好而已，但對大陸朋友來說卻不是如此，那我想如果這樣，不就很多台灣人都可以去大陸當校長了。

　　價值就在差異化，當一個鄉村都沒有人會英文的時候，有一個英文很破的，就讓人覺得很厲害，台灣人有些優越感，什麼樣的優越感，就是對人事物的態度與責任，或許這在台灣沒什麼，但到了大陸，很多事情就變得不一樣，尤其是小城市更是如此，當人人都希望往更強的群體去的時候，我們就只變成一顆螺絲釘，但當我們降級之後，我們卻可以成為領導人物，台灣累積了很久的軟實力，但在台灣人人軟實力都很強，只要一被放到大陸去，差異性立刻突顯出來，這也是我們最大的價值之一。

＊ 台灣設計：

　　日本跟台灣情況很像，日本強在設計，日本可以把一塊蛋糕，設計得很可愛，變成超級伴手禮。而台灣的設計，在大陸看來，也是類似我們看待日本一樣，我們很多商品，只要稍加設計，就可以創造獨特的價值，而設計師在台灣薪資並不高，設計能力卻不容小覷，這是台灣商品最重要的價值與優勢，我們可以強化我們的商品設計，並且銷往大陸。

　　陸商現在已經很習慣台商，台灣人並沒什麼稀奇，但是大陸的百姓接觸到台灣人的機會，除了三大都市以外並不高，我個人在中國從事旅遊或商務，覺得大陸的百姓，對台灣特別感興趣、並且友善，大陸百姓對台灣人的刻板印象，整體來說覺得：台灣人很友善，素質文明高，這也是一項很大的優勢，當大陸人友善地對待我們的時候，我相信我們也會熱忱地回饋對方，透過更多的接觸，就會了解到，大陸很多人是非常友善的，只是不善於表達與溝通。

　　當越來越多的台灣民眾，能夠把自己的商品利用網路，外銷到大陸去，這時候會自然形成一股力量，讓政府得以重視，幫助拉抬台灣

品牌，例如：大陸的音樂、電視劇、電影，台灣藝人已經占相當大的比重程度，結合目前既有優勢，把台灣的獨特價值，透過台灣藝人推廣出去，如同F4 代言台灣觀光，成功吸引日韓民眾來台觀光，是日韓認識F4比較多比較深，還是大陸認識F4、周杰倫、蔡依林等人比較多呢？大陸有更多人認識這些台灣藝人，藝人不僅可以為台灣帶入觀光，更帶入新台灣經驗，讓台灣的品牌優勢，能夠更上一層樓。

　　而政府正在積極推動的醫療觀光，也可以拓展得更深更廣，醫療建立在信任的基礎上，很多大陸人並不信任自己的醫院，而台灣除了醫術良好之外，更重要的醫德、尊重、溝通，都是非常頂尖的，我們可以發展網路看診，繼續帶動醫療觀光產業。

✴ 網路外銷管道

　　中國可以做13億人口的生意，我們有以上這麼多優勢與價值，台灣比韓國更有條件快速締造第二個經濟奇蹟，多數人因為不熟悉中國市場所以不敢進軍內地，要改變這點並不容易，但在網路發達的今日，事實上我們只需要藉著網路行銷，人不需要到大陸去，一樣能舒舒服服地在台灣做生意，只要電腦打一打字，馬上就跟13億人口接軌，台灣的未來，沒有辦法靠政府，全民網路外銷，增進出超，借力大陸市場，邁向國際未來。

　　網路外銷，一般的意思泛指B2B（公司對公司），但本文所描述的並不是B2B，而是B2C（公司對消費者）或者C2C （個人對消費者），B2B的網路外銷，各大貿易企業，能夠做的都已經做了，但B2C或C2C的網路外銷，幾乎沒有人在做。

　　因為大多數的朋友都會想，我連台灣都賣不好了，怎麼可能賣到國外去，賣去大陸，毛利不是更低嗎？會有這樣的觀念是因為受限於

台灣市場的概念，而且我們如果賣低價商品，當然是沒有競爭優勢，光大陸富豪就超過一千萬名，是台灣人口的一半，只要我們商品價值能夠打動對方，讓價值明顯超越價格，即使是頂級、頂端的商品，市場也絕對是數十倍大，你能想像，如果跟你成交的客戶數，每天增加數十倍，那是怎樣的一個情況？

當我們知道優勢，找到價值以後，應該如何把台灣更多的好商品，行銷到大陸去呢？這也是我寫本章的主要目的，雖然台灣行銷能力不弱，但面對這麼龐大的市場，台灣需要更多的行銷人才，尤其是網路外銷的人才，當網路外銷人才能夠有一定的績效，進而增加影響力，政府也才有辦法進場支援，這時候才能真正有機會把網路外銷的重要性，拓展給更多人。

當網路外銷人才，有一定數量的成功模式以後，就會有人自動開發中國以外的網路外銷商機，當這樣的情況發展到一個群聚的時候，那要借力行銷到世界各國，就更加容易，如果現在少了對大陸的貿易順差，一年就少了700億美元，五年就足以把外匯存底吃光。

如果要做一件有意義的事情，我相信就是絕對不要債留子孫，台灣是我們的家，過去靠貿易發展經濟奇蹟，而貿易就是整合，而網路外銷也是整合，當整合到一定的程度，就創建台灣競爭力最大的優勢，也符合政府所提倡的：轉運中心、物流中心、運籌中心。

不是每一個人都有商品，但同樣不是每一個人都懂網路行銷，只要有管道能夠把商品銷到大陸去，很多商家都願意合作，重點是你要能夠確認這個商品是否有足夠的價值，或者需要再重新包裝，這樣商品製造商就可以借網路外銷人才的力量拓展出新的市場，網路外銷人才也有商品可以獲利，所以網路外銷人才，最重要的就是創造管道。

超級魚池矩陣平台，目前除了台灣以外，也已經在中國內地佈

局，一些擁有海量魚池的大陸朋友，除了對此平台感到高度興趣以外，對台灣優質商品更有無比的期待，借中國內地朋友的力，讓平台一開始就擁有百萬大陸魚池，然後藉此吸引更多的大陸朋友加入，把魚池矩陣做得更大，讓台灣未來的網路外銷人才，能夠更有利的運用與發揮。

除了超級魚池矩陣平台以外，攻略大陸的方法包含：淘寶行銷、QQ行銷、微博行銷，這些都是很有效的方法，這些方法，日後我將會在超級魚池矩陣平台做全方位攻略的教學，讓台灣能夠有夠多的學習機會，但借力還是最重要的，如何借重已經在大陸擁有很強的QQ行銷、微博行銷、淘寶行銷，這些巨人資源的力量，借力才能夠快速成就結果。

如果您對於超級魚池矩陣平台、或者網路外銷人才有興趣，歡迎到我的網站關注，或訂閱電子報，如果有新的消息與發展，我都會盡快發佈訊息及公佈：http://www.satisfied.com.tw

不求人，三天打造你的千萬財富

PS：請務必在讀完本書全部內容後再閱讀本篇！

《網路印鈔術》這本書，讓許多讀者了解，善用魚池致富術可輕易的快速致富，許多朋友迫不及待的，想建立自己的魚池，但問題是：怎麼做呢？

最近兩年，台灣各種網路行銷課程、工具紛紛出籠，有些朋友學習了網路行銷課程、也運用了很多網路行銷工具、兩年過去了，很多渴望賺錢的朋友，努力了，卻仍然難以在網路上成功建立自己的魚池，這到底是為什麼呢？

不管是任何的致富課程，還是工具，大部分所用的方式，都是教你如何擁有一項技能，就如同本書一開始所提到的：「小漁民的驚天大策劃」的每一個捕魚專家一樣，要能夠有高超的捕魚技術，對大多數的朋友來說，都太難了，就算有少數人可以做到，也需要經過長年經驗的累積，建構魚池並不是只有捕魚的方式，而且僅靠捕魚方式捕魚實在太慢了，只要能夠善用借力，就算你自己不會捕魚，也能夠輕易打造出十倍大的魚池。

事實上，幾乎大部分的成功者，都是靠借力成功的，包括這兩年利用網路行銷成功的老師，也幾乎都是依賴借力，而非自己捕魚，你發現了嗎？網路行銷教你如何捕魚，可是多數的成功者，成功的關鍵卻不是仰賴捕魚技術，而是仰賴借力技術，因為唯有借力才能夠快速成長，快速致富。

有些朋友，曾經聽過我借力相關知識的傳授，都覺得太棒了，但

事後大部分的朋友卻沒有任何行動，我追查原因之下，發現沒有行動的朋友，是因為從來沒有做過借力，不知道自己有什麼資源，不知道為什麼人家要跟你合作，不知道整個流程到底要怎麼運作……因為不知道這些，因為沒做過這些，而讓自己沒有信心與勇氣去邁向借力致富的人生。

我自己也曾經上過很多號稱可以致富的相關課程，這些課程其實都不錯，他可以教會我一個不錯的技能，但如果要依靠這些技能致富，往往需要成為專家，可是能夠成為一名專家，往往需要數年經驗的累積，才能夠看到成績。

我強調快速致富，想要快速，就不能夠靠需要長期練習才能做到的技能，而是必須要有一個很簡單的方式，這個方式可以讓每個人都輕易做到，不用十年，不用三年，甚至不用三個月。

大多數人對未知的領域，總是充滿不信任或恐懼，如果我說三個月可以幫助你賺到一百萬，我想很多人都會質疑，並有一部分的朋友會認為，這根本是不可能的事情，隨著科技的改變，一切原本的不可能，現在都將變的可能，而你最好接受這個事實。

如果我在二十年前告訴人們，網際網路將取代電話、電視、商務、娛樂、購物……等一切，它將會在二十年內成為最龐大的經濟體，那肯定會被大家認為是瘋子，以過去經驗來說，因為未曾發生如此迅速的轉變，所以大多數人很難想像與理解。

五年前的NOKIA、摩托羅拉，是手機的霸主，不到五年短短的時間，就已經完全轉變，然而現在變化的速度又遠比五年前的速度還快上許多倍。

但在變化如此快速的時代，多數的人們的思考卻還用過去速度來思考，如果你不知道這些事情，你可以上YouTube，搜尋一部影片：

育的未來（Did you know？）

在全民皆漲唯有薪水不漲的時代下，錢都跑到了能夠掌握先機的人，如果現代人還把觀念停留在過去認知的年代，對於可能用1000倍速度完成的事情，就會覺得嗤之以鼻，也因為如此，所以大多數的人，總是錯失了財富。

如果對一個月收入三萬元左右的上班族朋友說：「有人可以在三個月內，幫助他賺數百萬以上，相信大多數的朋友肯定不相信，就算本人相信了，其親朋好友都會告訴你，那一定是騙子，小心被騙，等等之類的經驗之談，因為在大眾的經驗裡，這些是不可能發生的事情，但在1000倍速度的今天，經驗往往是成為致富最大的絆腳石。你要先了解，到底是誰在騙你呢？

2011年6月，一位程式設計師朋友，迷上了智慧型手機的APP程式，覺得這是明日之星，花了十幾萬去到補習班學習APP程式設計的製作，花費了半年的時間，學完了課程，之後又花了三個月，寫出一支很陽春的APP程式，正當想依靠APP程式賺錢的時候，另一位朋友來找我，叫我做APP程式的代理商，他們已經把數十種最常用的APP功能模組化，只要3～7天就可以客製出大部分企業需要的APP程式，給客戶的售價，更是相當具有競爭力，我把這個消息告訴那位工程師，那位工程師跟我說：「怎麼會這樣……。」

在2011年6月的時候，製作手機APP程式的案件，非常好賺，在不到365天的時間裡，寫手機APP程式的售價，卻大幅度降了5倍以上，而且還在陸續下降中，我這位工程師朋友，雖然會寫APP了，但有什麼用？最後這位朋友，選擇去賣人家寫好的APP，今日轉變的速度跟十年前已經完全不同，在幾年前流行的第二技能的功用，也已經不堪使用，如果一項技能要學到精的話，通常也需要三年、五年，在有限

的時間裡，一個人能學會幾項技能？現代的時代，已經難以靠技能致富，目前的時代，是多變的時代，所要能夠依靠的是整合多變的能力，這項能力就是借力，借力可以讓你一輩子都可以依靠，而且只會漲價，不會跌價。

阿里巴巴的創辦人：馬雲，是全球最大的電子商務網站，馬雲去參加實踐家教育集團林偉賢老師的課程，林老師提到：他有比馬雲董事長還成功嗎？不然為什麼馬雲要來上他的課程呢？原因是：馬雲董事長的心態上比林老師還成功，即使他的企業已經那麼大，仍然持續學習。

很多人都會以為，那個我早就知道了，真正有智慧的人，即使什麼都知道，也會再學習當下，空杯歸零，讓自己重新學習，因為他知道，這樣做才能夠讓學習獲得最大的收穫，這就是有錢人的觀點，所以他可以越來越成功。

父母從小栽培小孩期盼：望子成龍，望女成鳳。每個人都知道，小孩未來能夠成功，必須不斷地栽培，不斷地學習，但大多數的人，都遺忘了這件事，忘記成功最重要的就是不斷地「栽培自己」。

很多人都期望得到經濟自由，在很多方向做努力，卻忘了持續栽培自己，在變化速度如此快速的今天，你有多久沒有栽培你自己了呢？

如果你有訂閱過我的帆達淘金術，有看到許多學員都在不到一百天就賺了百萬元以上的影片，你就能夠體會這些過去不可能發生，現在卻都一一發生了，現今成長最快速的商業模式，幾乎都是違背經驗法則而成功的商務模式。

在兩年前我曾經開設一班百萬級網路行銷學，有不少學員，因為課後沒有行動，以致沒有產生結果，但是有些學員在不到一年的時間

就成功了，有些學員在半年不到的時間就成功了，有些學員在不到三個月就成功了。我很擔心，很多朋友還無法體會到底有多麼的快速，所以我花了一些篇幅解釋這些，但我真正想告訴你的是，以上都是過去式了，因為時代一直在變動，經驗法則已經無法讓我們依賴。

過去我最成功的案例，一位學員原來每個月不到四萬元的收入，在三個月內，營收就突破百萬，但我要告訴你，這已經是過去了，現在不用三個月，甚至不到一個月，就可以成功打造百萬業績，我相信你看到這句話，一定會想說，鄭老師一定是瘋了⋯⋯。

根據過去經驗模式，這樣想是非常合理的，如果真的有人對你說這種大話，建議你先耐住性子，看看他葫蘆裡賣什麼藥，仔細評估他的模式到底是不是真的可以辦到，還是只是一個騙局，畢竟市場上有太多騙子，不可不慎，在還沒了解完整情況前，不建議直接認同或否定，當了解一切後，再做冷靜分析判斷，才能夠掌握機會，我看過許多朋友，學了很多成功祕訣，只因為過去的經驗法則，造成的不相信、害怕、擔心，恐懼，導致最後缺乏行動，而錯失真正致富的機會。

每位想利用網路致富的朋友，基礎情況雖然不一樣，但大致可以分為三種情況：

第一種情況：自己沒有商品的新手。

第二種情況：已經擁有商品，但缺乏魚池的商家。

第三種情況：已經擁有商品、魚池，也已經開始獲利。

我打造了一項三天成功的計畫，這項計畫，我把他稱為：借力致富三部曲，嚴格來說，借力致富三部曲，並不只是一場課程，而是一個實做的訓練班，在借力致富三部曲裡，我打造了三套令人無法抗拒的樣版，所有學員都會在這三天內，運用這三套樣版，可以改造成屬於自己的樣版。

➤第一套樣版：打造一個沒有任何商品，也沒有任何資源，就能夠借力的樣版。

➤第二套樣版：利用現在已經擁有的商品，打造出一份借魚池借力的樣版。

➤第三套樣版：打造一份能有效放大自己目前資源，去向巨人借力的樣版。

以上三個樣版，其實還少了一樣，有魚池卻沒有商品的樣版，有些朋友可能會擔心，我目前還沒有自己的商品，適合這堂課程嗎？沒有商品有沒有商品的優勢，沒有商品、相對來說，也就是沒有庫存、沒有相關成本，沒有商品的朋友更不會被商品原有的特性與包袱所困住，你可以更輕易地借商品，用行銷方式來獲取利潤。

親愛的朋友，你可以想想看，如果你擁有數萬個對你有高信任度的魚池，沒商品是問題嗎？如果你真的擁有巨人的魚池，只要你把消息放給相關族群的朋友，很多商家都會想帶著他的商品來找你合作，相反的，有商品已經表示有了庫存，有了研發成本，如果沒有魚池搭配的話，才是商家真正的痛，所以沒商品一點都不是問題，有沒有魚池才是重點，那到底沒商品的朋友要怎麼做呢？讓我們看看以下兩則小故事：

　　小陳是我的一位學員，有一次他去夜市買雞排，緊接著又去買了飲料，就讓小陳聯想到，大部分買炸的、滷的都會口渴，以往的經驗買了這些東西後，都還會順帶買個飲料。因此小陳就想到了一個合作模式，他找了一家很好喝但生意卻不怎樣的飲料店，跟飲料店老闆說：「我可以幫你把生意變得更好，我幫你做一份折價券，如果有人用這份折價券跟你買飲料，你就讓客人折抵半價，那客人覺得好喝，之後就會來你這邊消費，而且呢？你一毛錢都不用出，飲料店老闆正愁生意不知如何提升，當然就一口答應了。

　　小陳找了幾家賣炸的、賣滷味的老闆，跟老闆說：「我可以讓你生意變得更好，而且你還不用花一毛錢。」老闆問說那要怎麼做？小陳告訴他：「我給你一張紅布條，你只要把放在店面裡就行了，紅布條上面印著：『加辣送半杯飲料，不辣送半杯果汁』。」

　　老闆一聽，馬上就說：「我哪有賣飲料、果汁？」小陳接著告訴他，不是送你的飲料果汁，是送飲料店的，接著把飲料店的現金折價券給他，只要你掛這張紅布條，生意肯定會多更多。

　　果然有配合的老闆，生意都跟著變好了，配合的老闆都很開心，那到底小陳是怎麼獲利的呢？原來小陳在這張現金折價券上，要求兌換飲料的客戶，寫下姓名、EMAIL與電話，並表示將會免費提供更多附近商家的現金折價券到客戶的EMAIL，然後小陳再定期去跟飲料店收取這些魚池名單。

　　魚池進入了小陳的資料庫，當然小陳就拿著這些資料庫，去賣廣告了，最後每當有新店開幕的時候，新店的老闆，都要來拜託這位小地方的大人物。

　　我另一個學員，叫做廖大緯，他是一位房屋仲介公司的專業人員，利用借力樣版，就成功整個改變人生，廖大緯幫助某一資訊公司，主要產品為報關行軟體，市佔約七成多，有1200家報關行在使用這個。

　　廖大緯透過借力人脈與借力樣版機制，促成該資訊公司與某大產險公司合作，在報關軟體內可直接買某大產險公司的電子水險單，每月貢獻產險公司約400萬的新增保費收入，並新增1萬左右的出口商。

　　而這之中，廖大緯並沒有抽取任何仲介手續費，產險公司為了感謝廖大緯，將轉介紹出口到歐洲、美國和日本的出口商給廖大緯，以利廖大緯向他們推廣英國、美國和日本的不動產，幫這些出口商手上的外幣投資比投資在台灣不動產，有更好的投資收益。廖大緯也成為房屋仲介的超級達人。

　　以上兩則小故事，都是沒有商品的人，兩者的共同之處，就是巧妙地應用借力，成就媒合仲介，我的許多學員都運用著借力樣版，小則像小陳一樣，高則向廖大緯一樣，一個簡單的借力，即使沒有商品，也能夠成就千萬的利潤，所以你完全不用擔心沒商品的問題。

　　借力樣版就是將整個借力的流程、觀念、架構，甚至是向合作者提案的完整文案話術，都包含在裡面，借力致富三部曲的培訓計畫，

除了幫助你學會借力的完整know-how外，更重要的是你將會擁有這些樣版，並且能夠透過輕易地更改，借力樣版就能符合你所需要借力的行業與對象，依靠借力樣版，能夠讓人在一個月內創造出，過去一年才能夠創造出來的績效，而且還會隨著時間逐月倍增威力。

除了借力樣版外，我還準備了一項超級武器，給參與借力致富三部曲的學員，借力，至少要擁有一套EMAIL追客系統，如果魚池主願意與你合作，但沒有工具，那在執行上勢必產生很大的困難，當然你也可能會擔心，名單會不會不足，我真的能夠找到很多魚池主來幫助我嗎？

還記得超級魚池矩陣平台嗎？你完全不用擔心名單不夠的問題，除了依靠借力樣版，可以讓你跟實體的相關廠商借力，我還聚集了大量的魚池主讓你借力，只要你在螢幕上點一點，大批的魚池主都會為你支援，屆時我也會提供超級魚池矩陣平台給有需要的學員免費體驗。

為了讓學員有更強的行動力，確保能夠在一個月內賺到一年的收入，現場我將會為你介紹我的一些朋友，這些朋友的共同特色就是，擁有數萬、甚至數十萬的魚池巨人，我將把巨人直接介紹給你，讓巨人直接與你合作，我還將準備了數萬筆優質魚池要幫你推薦，要幫你做廣告，其廣告的價值，至少超過數百萬新台幣以上，這不是抽獎，只要學員完成完整的借力樣版，我們就提供此項廣告，也就是說所有參加「借力致富三部曲」培訓課的學員，都能得到如此高價值的廣告。

親愛的朋友，你聽懂了嗎？這不並只是一場培訓，借力致富三部曲，除了傳授借力智慧、借力樣版外、並且提供超級魚池矩陣平台讓你免費使用體驗，引薦巨人魚池主的人脈給學員、更重要的是還提供了數百萬廣告資源，如果我說我只是要教你，我相信只有極少數學員真的能夠三個月成功，但如果我不是只有教，更重要的是，我把我最

重要的武器資源都提供給你，還提供你大量高端魚池的廣告發送，那你是否相信要在一個月內成功，真的非常容易，如果你已經有良好的產品、文案，甚至只需要三天，我就有自信為你立刻賺進百萬以上。

這數萬筆的名單，並非垃圾信，每一筆名單都會有巨人魚池主本人的聯名推薦，如果以我當初的情況，每次做單一銷售，每筆名單平均有三百元的營收，那如果有一萬筆名單，就有三百萬的營收，如果按照這個公式來計算，只要有四萬筆名單，就絕對有上千萬以上的價值，而我準備的絕對超過這個數量。如果用一百萬，換一千萬，你換不換呢？

相信有些朋友，看到這裡，會很心動，也會開始猜測，到底參加借力「致富三部曲」的培訓計畫要多少學費，更正確的說，這麼龐大的廣告價值，到底要支付多少成本，參加借力致富三部曲的價格，若培訓費是一百萬，是非常合理的的，但如果你認為它只是一場課程，那一百萬可能會被認為是天價，最後我決定，將借力致富三部曲的課程售價訂在：30萬元。

我相信很多朋友看到這個價格，會有疑惑，一場課程30萬，會不會太高了，你不用擔心，我的課程一向都對學員提供100％滿意保證，所有參與培訓計畫的學員在參加課程的前兩天，任何一位學員，只要覺得這場課程所帶給你的價值，沒有超過至少10倍以上的學費，在課程第兩天結束前的任何時間，你都可以跟我們講你不滿意，你要退費，你隨時可以拍拍屁股走人，連課程所提供的餐點，我們都將為您買單，你完全不需要提供任何理由，我們也不會詢問你任何理由，你所投資的30萬元，將全額退還給你，你完全沒有任何風險。

我們之所以有這麼大的信心，是因為我深信，當你了解到我們要提供你的廣告資源有多龐大後，學員絕對不會想要放棄我們提供的廣

告資源，與這項資源相比，30萬實在太便宜了。

　　以上原本是「借力致富三部曲」的培訓計畫，但在認識了一位朋友後，我讓這個計畫變得更精彩，就讓我先對這位朋友的資歷先做介紹，就從2006年開始介紹吧！

　　現在台灣的學生，在學校所用的行銷教科書籍，也是我這位朋友

2006年　北大管理學院聘為首席實務管理講座教授。
2007年　香港國際經營管理學會世界級年會獲聘為首席主講師。
2008年　吉隆坡論壇獲頒亞洲八大首席名師。
　　　　龍騰版行銷教科書作者。
2009年　受邀亞洲世界級企業領袖協會
　　　　（AWBC）專題演講。
2010年　上海世博主題論壇主講者。
2011年　受中信、南山、住商等各大企業邀約全國巡迴演講。
　　　　經兩岸六大渠道（通路）傳媒統計，為華人世界非文學
　　　　類書種累積銷量最多的本土作家。
2012年　受聯合國UNDP之邀發表專題報告。
　　　　全民財經檢定考試（GEFT）榮獲全國榜眼。

所寫，我這位朋友就是——王寶玲博士，當然王博士也是一位巨人，也擁有巨人魚池，王博士還是國內行銷相關暢銷書籍最多的作家，而王博士的行銷方式，屬於主流行銷派系，而我個人的知識，主要在直效行銷派系，由於派系不同，曾經一度彼此都堅持自己的派系，才是最好的行銷方式，因此就此展開了一連串的較量，在連續幾次的PK以後，我們都認同彼此實力，也因此變成好朋友。

　　我跟王博士談起「借力致富三部曲」這個課程，王博士聽了以後

　　說：「這太棒了，超級魚池矩陣平台，可以幫助無數的中小企業與個人，快速把商品銷售出去，這個計畫實在很了不起，我也想為這個計畫做出貢獻。」於是我跟王博士，就一起策劃全新的「**借力致富三部曲培訓課程**」。

　　另外，王博士還準備了，令人無法置信的一連串的贈品，你或許看過很多課程送的贈品，許多贈品都是沒有成本的電子書，而參與這場計畫的學員，我們將提供培訓界史無前例的高成本實體贈品，這些贈品，全部都是實體贈品，大部分都在各大實體書局買得到，包括了：

《用聽的學行銷
32CDs完整版》
售價：4968元

《說故事的
行銷力量》
售價：260元

《非常手腕+策略對決
=商場勝出學》
售價：240元

《一毛不花,成為
Google、Yahoo!
搜尋雙冠王》
售價:260元

《集客力,
從對的行銷開始》
售價:300元

《王道成功3.0》
附2CD,軟皮精裝版
售價:990元

《王紫杰老師的
百萬自動財富流》
6DVD
售價:3200元

　　以上七樣贈品總價超過10000元以上。

　　王博士不但為「借力致富三部曲」提供了多項高價值的超級贈品,更重要的是王博士也承諾要幫助學員,提供學員借力資源,王博士提供的廣告資源還是我的好幾倍,但我在想,如果這樣的話,那這場培訓,到底價格要怎麼訂呢?雖然課程廣告價值就遠超百萬以上,但如果繼續往上加,也真的不容易,而王博士又提供數倍的廣告資源,總不能再增加幾百萬的培訓費吧?頓時,我傷腦筋了……

　　無奈之下，我只好跟王博士商量，王博士說：「你打算招收多少人參與這項計畫………。」經過一番的討論後，王博士跟我講：「如果我把我心裡所想的價格說出來，我怕鄭老師你很難同意，這樣吧，鄭老師，這場計畫由我公司來主辦，我給你一筆豐富的報酬，當作主講費，其報酬絕對不亞於你自己開辦課程，這樣你就不用管訂價了，整個計畫從招生到課程結束後的服務，都由我來處理，這場收益都由我們負責，你只要當主講老師就好。」

　　這麼好的條件，我當然就答應了，所以這場「借力致富三部曲」的主辦方，將由王寶玲博士所率領的采舍國際集團主辦，新絲路華文網協辦，主講人除了我以外，也包括王寶玲博士本人，在課程中王博士也將分享他最高端的借力智慧。除此之外，王博士所擁有的超大巨人魚池，也同樣提供給學員做廣告，王博士的魚池數量，更遠遠超過我魚池的數倍以上，也就是這場計畫所提供的廣告資源，將大到遠遠超出你的想像。

　　而王寶玲博士，最後策劃出的訂價，的確遠遠超出我的想像，至今仍令我不可置信，因為王博士希望「借力致富三部曲」課程，可以有更多朋友參與，所以放棄了應有的合理價格，各位親愛的朋友，你可以猜猜，王博士最後到底訂定多少價格呢？

　　這場「借力致富三部曲」培訓計畫，最終訂價是：49700元（NT）

　　你將不用花上一百萬，也不用30萬，就可以參加「借力致富三部曲」，除此之外，你仍然享有價值高達10000元的超級贈品，另外王博士還要再贈送你新絲路網路書店現金10000元的點數，你可以用這10000元的購物點數在新絲路網路書店購書，讓你連買書學習都不用再花錢，王博士所投入的這一切都只為了鼓勵你，參與這項計畫。因此再加上一萬元新絲路的網路購物點數，贈品總值將高達20000元以上。

「借力致富三部曲」培訓課程

|地點| 台北 （報名成功後將公佈詳細地點）

|時間| 2013年4月 19日、20日、21日

連續三天（9：00~17：00）

◆本三天課程由采舍國際集團 采舍國際 www.silkbook.com 主辦，感謝新絲路網路書店、創見文化、知識工場、活泉書坊、啟思、鴻漸、鶴立、ef 和 ff 雜誌共同協辦。

　　除此之外，「100％滿意保證」的承諾，仍然完全不變，我相信很多朋友，一定會很疑惑，為何王博士會做這個決定，從30萬降到49700元，這也未免差太多了，這場計畫最大的成本是廣告資源，而原本課程中要給學員的廣告資源，我們將改用與學員合作拆成的方式來進行，讓學員與我們共同創造收益。

　　王博士覺得，如果學員有好的商品，我們先幫學員賺錢，如果學員確定成交收到錢了，學員再付給我們合理的成交佣金給我們即可，相信每位學員都會很樂意，如果學員的產品很不錯，很可能這項廣告資源就幫助學員賺進數百萬，若學員付出三成的成交佣金，就比原本的30萬學費還要高，這樣一來學員不用先負擔高額的費用，另一方面，我們仍然可以得到我們所提供資源的應有回饋，這就是王博士的大智慧。

　　PS：有關廣告資源曝光與學員合作的佣金比例，因為每個商品的成本不同，所以佣金比例也不盡然相同，本廣告合作案是為了成就學員，所以會收取比市面上一般合作案更低的合作成交佣金，大多數的商品都是一～三成，成交佣金，也是在確認客戶付款後才會進行拆帳。

　　所以，你不用先繳交30萬的培訓費，只需要先負擔49700元的培訓成本，而每位學員仍然可以利用我們所提供的廣告資源，將商品或服務銷售出去後，必須要提供合理的合作佣金給我們，當作廣告合作的成本。

　　親愛的朋友，你喜歡聽好消息，還是壞消息呢？不過……沒關係，因為我兩者都有，還是先說好消息吧！

　　我知道有些朋友對網路行銷，可能沒有基礎，也擔心自己可能沒什麼資源，會不會學了借力後，不好發揮。有一個很棒的技巧，人人都可以輕易打造，而且打造出來後，都會有完全獨立的特色，打造還不用成本，這就是資訊型商品，資訊型商品還可以很容易讓你拿來借力使用。

　　我的一位好朋友林星汯老師就有一套課程，專門教人如何輕易打造資訊型商品，這套課程名稱叫做：「資訊產品創造藍圖」，在這套課程，你將學會：

- ☑️何謂資訊型產品？
- ☑️資訊型產品的種類大解析！以及如何組織你的資訊型產品賺錢？
- ☑️如何找到你的利基市場？
- ☑️為什麼錯的利基市場，再好的產品與行銷也很難有效！
- ☑️29個國外已經證實能讓你賺到錢的利基市場！
- ☑️如何確保你做出來的產品客戶會很想購買？以及實際可執行的步驟！
- ☑️創造資訊型產品計畫書
- ☑️15個步驟建立你的資訊型產品事業
- ☑️E-mail精準行銷的10個法則

☑10個別人沒有告訴你的有效文案撰寫法則

林星泓老師的資訊產品創造藍圖，售價是9800元（NT），為了能夠徹底的幫助你，我跟星泓老師努力解釋「借力致富三部曲」，能夠帶給學員的幫助有多大，最後星泓老師也決定情義相挺到底，只要有參加「借力致富三部曲」的朋友，將再免費獲得林星泓老師的自動財富系統，加上之前所提供的贈品，整個贈品價值已經高達29800元。

再來說說壞消息吧！我過去第一場百萬級網路行銷的學員，僅三天的報名時間，人數就額滿，在2011年的跨雲端行銷學，在開放報名不到半個月，就已經超過203位以上的朋友完成報名手續，而這次的「借力致富三部曲」，不但是我所有課程裡最高階的課程，提供的實體贈品，更創下台灣網路行銷界的紀錄，最後還提供數百萬廣告合作資源給予學員，連我本人都覺得實在太不可思議了。

這也讓我非常興奮，為了確保這樣的安排的確是學員想要的，我跟極少數學員討論過一次，結果討論會卻變成報名會，立刻引起瘋狂搶購，「借力致富三部曲」的課程計畫，在台灣將只會舉辦一次，因此我很擔心想要參加的學員，可能會有很多人搶不到位置，所以我要告訴你的壞消息就是，參加「借力致富三部曲」的一切前提，你必須要能夠搶得到座位，我過往開辦的課程，每次都有不少朋友，因為太晚報名，搶不到座位，最後感到非常遺憾。

為了確保這個課程識真正符合你的需求的，也為了確定我們能給你最大的幫助，你不用先繳交49700元，只要你先填妥報名資料，我們會以貨到付款的方式，寄送《王紫杰老師的百萬自動財富流 6片DVD》以及更詳細的課程相關資料給您，這時候你只需要繳交給郵政人員3200元的費用，就可以得到DVD及更詳細的課程相關資料，如果你覺得DVD或課程相關介紹，的確符合你的需求，你只要收到DVD的

七天內，繳交剩餘的46500元就正式完成報名，如果你覺得課程相關介紹或DVD不符合你的需要，只要將DVD寄回來給我們，你所繳交的3200元訂金，我們將全部退還給你，你完全沒有損失。

我相信這次的「借力致富三部曲」課程的座位數量很快就被搶購一空，為了避免座位又像以往一樣，迅速被搶購一空，同時也為了慶祝本書新書上市，所以借力致富三部曲的課程訊息，將優先公布在本書，希望給愛好本書的讀者，能夠成功優先搶位，當然我們也必須給我們的老學員、訂閱電子報的用戶，以及關注我們網友的朋友一些名額，我們會視情況逐漸發佈課程訊息，如果你是有興趣參加「借力致富三部曲」的朋友，希望你立刻把握機會報名。

因為座位數有限的關係，所以只能接受網路報名，若座位額滿，以下的報名網址，將會立刻公布停止報名訊息。

報名網址：http://www.satisfied.com.tw/20130419/或

http://鄭錦聰.com/20130419/

如有任何相關問題，也歡迎撥打：02-25431338 詢問

或親洽本公司：台北市中山區松江路200號12樓

過去我們有非常多的學員，在課程結束不久後，都成功利用網路行銷賺取數百萬以上，如果你想要了解這部分的訊息，可以到以下網址觀看：

學員的心得分享：http://www.satisfied.com.tw/category-14/

最後衷心的感謝您購買這本書並閱讀，希望能夠讓讀者收穫滿滿，以下是本書兩位作者的網站，相信都能夠帶給你意想不到的收穫。

鄭錦聰老師的網站：http://www.satisfied.com.tw或http://鄭錦聰.com

王紫杰老師的網站：http://www.chaomoli.cn

王道：成功3.0

教導型出版家 **王寶玲**

學者型教育家 **王擎天** ◎編著

產品內容
1書 2CD
優惠價：
490元

從平凡到超凡的成功60力，

讓天秤倒向你、天上掉餡餅，

決戰千分之一的差距，破局而出就是王！

P.S. 因本書內附之2片CD為《12CDs完整版》之前2片，新絲路網路書店（www.silkbook.com）特以極為優惠之特價提供另行購買後10片CD（CD3~CD12）之超值方案，歡迎上網查詢。

同系列超值有聲書 ◆巡迴演講·精采收錄 ◆限量販售·成功限定

成功3.0

王博士亞洲巡迴演講菁華
22講 12CDs 完整版

教導型出版家 **王寶玲**

學者型教育家 **王擎天** ◎主講

主產品內容▶
12片CD

原價：2980元
優惠價：
1200元
限量1000盒
售完為止

王寶玲博士身為亞洲八大名師之首，多年來巡迴兩岸、星馬、香港等地演講，甚獲好評！可謂有口皆碑！！今本社完整收錄其演講內容平價出版，讓讀者們不必再趕場赴各地花高額入場費聆聽。（雖所謂峨嵋絕頂亦盍興乎來～粉絲語）實乃功德一件，懇請各位閱聽朋友們惠予支持，感謝！

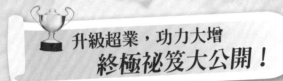

國家圖書館出版品預行編目資料

借力淘金！最吸利的鈔級魚池賺錢術 / 鄭錦聰, 王紫
杰著. -- 初版. -- 新北市：創見文化, 2012.11 面；
公分
ISBN 978-986-271-286-3(平裝)

1.網路行銷 2.電子商務

496   101020882

成功良品 51

借力淘金!
最吸利的鈔級魚池賺錢術

出版者／創見文化
作者／鄭錦聰、王紫杰
總編輯／歐綾纖
主編／蔡靜怡
美術設計／吳佩真

本書採減碳印製流程
並使用優質中性紙
（Acid & Alkali Free）
最符環保需求。

郵撥帳號／50017206 采舍國際有限公司（郵撥購買，請另付一成郵資）
台灣出版中心／新北市中和區中山路2段366巷10號10樓
電話／（02）2248-7896　　　　傳真／（02）2248-7758
ISBN／978-986-271-286-3
出版日期／2017年最新版

全球華文國際市場總代理／采舍國際有限公司
地址／新北市中和區中山路2段366巷10號3樓
電話／（02）8245-8786　　　　傳真／（02）8245-8718

全系列書系特約展示門市
新絲路網路書店
地址／新北市中和區中山路2段366巷10號10樓
電話／（02）8245-9896
網址／www.silkbook.com

創見文化 facebook https://www.facebook.com/successbooks

本書係由鄭錦聰先生透過華文自資出版平台自費出版，委由創見文化出版印行；采舍國際總經銷。

線上總代理 ■ 全球華文聯合出版平台 www.book4u.com.tw
主題討論區 ■ http://www.silkbook.com/bookclub　　◎ 新絲路讀書會
紙本書平台 ■ http://www.silkbook.com　　◎ 新絲路網路書店
電子書平台 ■ http://www.book4u.com.tw　　◎ 華文電子書中心

ᗷ 華文自資出版平台
www.book4u.com.tw
elsa@mail.book4u.com.tw
iris@mail.book4u.com.tw
全球最大的華文自費出版集團
專業客製化自助出版．發行通路全國最強！